中等职业学校公共基础课程配套教学用书

化 学
教学参考书
加工制造类

高等教育出版社 教材发展研究所 组编

高等教育出版社·北京

总 主 编　刘　斌

本册主编　陈金民

其他编者　（按姓氏笔画排序）

　　　　　　田娟娟　孙佳英　宣丹虹　简启玮

总 策 划　贾瑞武　王素霞

图书在版编目（CIP）数据

化学教学参考书：加工制造类 / 高等教育出版社教材发展研究所组编. --北京：高等教育出版社，2024.6
　ISBN 978-7-04-060087-2

Ⅰ.①化… Ⅱ.①高… Ⅲ.①化学-中等专业学校-教学参考资料 Ⅳ.①O6

中国国家版本馆 CIP 数据核字(2023)第 034793 号

化学教学参考书： 加工制造类

HUAXUE JIAOXUE CANKAOSHU：
JIAGONG ZHIZAO LEI

策划编辑　王超然	出版发行	高等教育出版社
责任编辑　王超然	社　　址	北京市西城区德外大街 4 号
特约编辑　邹　珉	邮政编码	100120
封面设计　李树龙	印　　刷	山东新华印务有限公司
版式设计　杜微言	开　　本	880mm×1240mm 1/16
责任绘图　李沛蓉	印　　张	12
责任校对　马鑫蕊	字　　数	240 千字
责任印制　高　峰	购书热线	010-58581118
	咨询电话	400-810-0598
本书如有缺页、倒页、脱页	网　　址	http：//www.hep.edu.cn
等质量问题，请到所购图书		http：//www.hep.com.cn
销售部门联系调换	网上订购	http：//www.hepmall.com.cn
版权所有　侵权必究		http：//www.hepmall.com
物料号　60087-00		http：//www.hepmall.cn
	版　　次	2024 年 6 月第 1 版
	印　　次	2024 年 6 月第 1 次印刷
	定　　价	33.80 元

前　言

本书是与高等教育出版社出版的"十四五"职业教育国家规划教材（中等职业学校公共基础课程教材）《化学（加工制造类）（修订版）》相配套的教师用书，是根据教育部 2020 年颁布的《中等职业学校化学课程标准》（以下简称《课程标准》）的要求编写而成的。

本书主题与节的顺序安排与教材完全一致，内容上也与教材紧密衔接。每个主题前设"课程标准要求"、后置"教学评价反思"；每节则包括"教材内容三析""教学实施建议"以及"教材参考答案"。

"课程标准要求"体现了《课程标准》对化学学科核心素养和知识点的基本要求，为教师组织教学、分配学时、制定教学目标、明晰化学学科核心素养培养重点提供了依据。

"教材内容三析"分为"解析·编写思路""分析·教材内容""剖析·重点难点"三个层级，不仅阐明了该节内容的地位、作用和教学目标，更对教材中的知识与化学学科核心素养之间的联系进行了深刻且翔实的解读和剖析，有助于教师更好地理解教材的设计理念、领会教材的编写意图，明晰化学学科核心素养培养目标及其与核心知识点之间的有机联系。

为方便教师备课和组织教学，本书设置了"教学实施建议"栏目，通过"课堂教学·讲究方法""实践活动·注重策略""知识拓展·善用资源"三个子栏目对教学方法、授课关键、组织策略、注意问题、资源利用等加以提示和阐述，突出了落实立德树人根本任务、注重化学学科核心素养培养、彰显职业教育特色、拓宽信息化教学手段应用、讲求教学模式更新的理念。本书还在每个主题和专题的最后提供了一份"教学设计案例"，供教师参考。

"教学评价反思"立足《课程标准》，从"学生评价指导"和"教学反思指导"两个侧面进行整体设计。其中，"学生评价指导"帮助教师做好对学生学习效果的评价；"教学反思指导"可供教师在完成本主题教学之后，对重点难点把握、核心素养培养、教学设计、教学方法和手段运用等方面有哪些优点和不足进行全面总结，帮助教师不断提高教学能力和教学水平。

本书配套丰富的辅教辅学资源，请登录高等教育出版社新形态教材网（https://abooks.hep.com.cn）获取相关资源。详细使用方法见本书最后一页"郑重声明"下方的"学习卡账号使用说明"。

本书由高等教育出版社教材发展研究所组织编写，天津职业大学刘斌担任总主编，湄洲湾职业技术学院陈金民担任主编。参加本书编写的人员有：平湖市职业中等专业学校田娟娟

(主题一、主题六),陈金民(主题二、专题一),浙江省湖州艺术与设计学校孙佳英(主题三、专题二),杭州市中策职业学校简启玮(主题四),绍兴市中等专业学校宣丹虹(主题五)。在本书的编写过程中,还邀请了相关行业企业的工程技术人员参与了研讨和编写工作,以使书稿内容进一步贴近生产实际,体现职业岗位需求,满足一线教学需要。在编写过程中,部分省市教研室和一线化学教师提供了很多很好的建议和意见,在此表示衷心的感谢!

由于编者水平所限,本书难免存在不当之处,恳请广大师生及其他读者提出批评、建议和改进意见。读者意见反馈信箱为:zz_dzyj@pub.hep.cn。

编者

2024 年 4 月

目 录

基 础 模 块

主题一 原子结构与化学键 / 3
 课程标准要求 / 3
 第一节　原子结构 / 4
 第二节　元素周期律与元素
     周期表 / 9
 第三节　化学键 / 15
 教学设计案例 / 19
 教学评价反思 / 23

主题二 化学反应及其规律 / 25
 课程标准要求 / 25
 第一节　氧化还原反应 / 26
 第二节　化学反应速率 / 31
 第三节　化学平衡 / 36
 教学设计案例 / 42
 教学评价反思 / 46

主题三 溶液与水溶液中的离子反应 / 47
 课程标准要求 / 47
 第一节　溶液组成的表示方法 / 48
 第二节　弱电解质的解离平衡 / 54
 第三节　水的离子积和溶液
     的 pH / 59

 第四节　离子反应和离子
     方程式 / 64
 第五节　盐类的水解 / 68
 教学设计案例 / 73
 教学评价反思 / 77

主题四 常见无机物及其应用 / 79
 课程标准要求 / 79
 第一节　常见非金属单质及其
     化合物 / 80
 第二节　常见金属单质及其
     化合物 / 88
 教学设计案例 / 95
 教学评价反思 / 100

主题五 简单有机化合物及其应用 / 101
 课程标准要求 / 101
 第一节　有机化合物的特点和
     分类 / 102
 第二节　最基础的一类有机
     化合物——烃 / 106
 第三节　烃的衍生物 / 112
 教学设计案例 / 118
 教学评价反思 / 123

主题六　常见生物分子及合成高分子　/ 125
　　课程标准要求　/ 125
　　第一节　重要的食品加工
　　　　　　原料——糖类　/ 126
　　第二节　生命活动的物质
　　　　　　基础——蛋白质　/ 131
　　第三节　中国制造的材料基础——
　　　　　　合成高分子　/ 135
　　教学设计案例　/ 139
　　教学评价反思　/ 142

拓 展 模 块

专题一　电化学基础与金属防护　/ 145
　　课程标准要求　/ 145
　　第一节　原电池　/ 146
　　第二节　电池的类型　/ 150
　　第三节　电解与电镀　/ 155
　　第四节　金属的腐蚀与防护　/ 158
　　教学设计案例　/ 162
　　教学评价反思　/ 166

专题二　化学与材料　/ 167
　　课程标准要求　/ 167
　　第一节　无机非金属材料　/ 168
　　第二节　金属材料　/ 172
　　第三节　高分子材料　/ 176
　　教学设计案例　/ 181
　　教学评价反思　/ 184

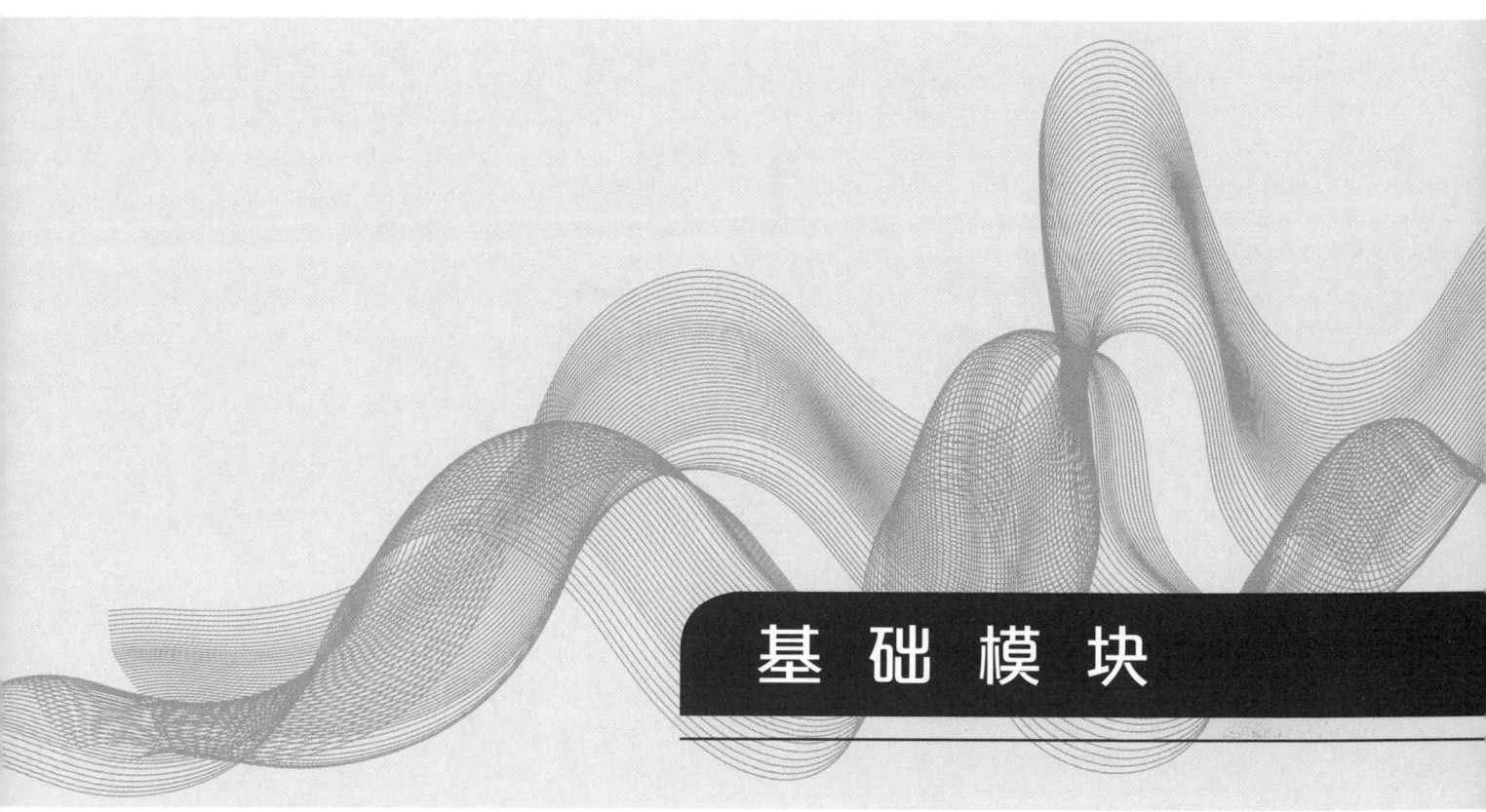

基础模块

主题一

原子结构与化学键

课程标准要求

节	内容要求	学时分配建议（共 6 学时）
原子结构	认识原子的结构，了解原子的组成，能画出 1~20 号元素的原子结构示意图	1
元素周期律	认识元素性质呈周期性变化的规律及其变化的根本原因；了解元素周期表的结构和元素在元素周期表中的位置；了解同周期和同主族元素性质的递变规律，认识元素周期律（表）在学习元素、化合物及科学研究中的重要作用	2
化学键	了解构成分子的微粒间的相互作用，建立化学键的概念；认识离子键和共价键的形成过程及形成条件，知道离子化合物和共价化合物，理解化学键断裂和形成是化学反应中物质变化的实质	2
学生实验：化学实验基本操作	通过实验，掌握化学实验基本操作技能；形成良好的实验室工作习惯，养成实事求是的科学态度；能识别常见易燃、易爆化学品的安全标识，了解防火与灭火常识；知道常见化学实验废弃物的处理方法，树立安全和环保意识。发展科学态度与社会责任等化学学科核心素养	1

第一节 原子结构

解析·编写思路

世界是物质的,世间万物都是由物质构成的,人类目前已经发现或合成的物质有几千万种。数量如此庞大、性质如此多样的物质,却仅是由一百多种元素的原子结合而成的。探究原子的内部结构,可以帮助人类认识元素的性质及其变化规律,在微观层次上认识构成世界的物质,并从微观的角度认识物质的性质。

教材从 ^{14}C 断代法出发创设情境,提出 ^{14}C 与 ^{12}C 有何区别的问题,激发学生的兴趣,积极探究原子的构成。结合初中所学知识,巩固原子由原子核和电子构成,原子核由质子和中子构成。教材通过展示数据,分析原子、中子、核外电子的电性和电荷量、质量及相对质量的关系,从而总结出两个规律:(1)核电荷数=核内质子数=核外电子数,(2)质量数=质子数+中子数。培养学生通过数据对比,总结规律的能力。在此基础上,"交流与讨论"栏目提出三种不同氢原子组成的差异,引出同位素的概念,引导学生了解氢的同位素在不同领域的应用,并在课堂上交流,发展宏观辨识与微观探析、科学态度与社会责任等化学学科核心素养。

教材再从原子核外电子的运动出发,引出电子在核外的排布特征,使学生了解"电子层"的概念;引导学生观察教材表 1-1-3 "核电荷数 1—18 的元素原子核外电子的排布",总结出原子核外电子的排布规律;在此基础上,引导学生画出原子结构示意图及原子核外电子排布图,发展宏观辨识与微观探析等化学学科核心素养。

分析·教学内容

一、地位和作用

本节是教材的第一节,深入介绍了原子的结构、质量数、同位素等概念及核外电子的排布规律,为学习元素的化学性质奠定了理论基础。

二、与核心素养之间的联系

本节内容主要分为两个部分:原子的组成和原子核外电子的排布。

1. 原子的组成

原子和分子是组成物质的基础,原子是化学反应的基本粒子。原子是由位于原子中心、带正电荷的原子核和核外带负电荷的电子构成的,原子核是由质子和中子构成的。通过观察质子、中子、电子的电性、电荷量、质量及相对质量,总结粒子之间的电性关系和数量关系,引导学生自主学习和总结规律,发展宏观辨识与微观探析等化学学科核心素养。

2. 原子核外电子的排布

电子是原子重要的组成部分,电子与化学反应密切相关,研究原子的电子特征对研究化学反应具有非常重要的意义。学生通过阅读教材表1-1-2"电子层的表示方法和能量高低"理解核外电子的能量与其所在电子层的关系;学生通过阅读教材表1-1-3"核电荷数1—18的元素原子核外电子的排布"理解原子核外电子排布的周期性规律;学生通过阅读教材表1-1-4"稀有气体元素原子核外电子的排布"理解稀有气体元素原子核外电子的排布特征,尤其是最外层电子的排布规律;通过观察分析,培养学生自主学习和总结规律的能力,发展宏观辨识与微观探析等化学学科核心素养。

剖析·重点难点

本节的教学重点主要有构成原子的粒子之间的电性关系及数量关系,元素的原子核外电子排布规律。

原子呈电中性,构成原子核的中子不带电,质子带正电,原子核外的电子带负电,所以核内质子数=核外电子数;原子的质量主要集中在原子核上,将构成原子核的所有质子和中子的相对质量取近似值加起来,所得数值(即原子的质量数)=质子数+中子数。

元素的原子核外电子排布遵循一定的排布规律,根据规律书写元素的原子核外电子排布图。

本节的教学难点主要有元素原子及离子的核外电子排布。

根据原子核外电子排布电子的数目,判断原子容易失去电子还是容易得到电子,再根据稀有气体核外电子排布的规律,计算达到稳定结构时最外层得失电子的数目,从而写出相应离子的核外电子排布图。

📖 教学实施建议

物质结构是中学化学的重要基础理论知识,也是中学化学教学的重要内容。初中化学已经介绍了原子结构、分子的组成形式,以及氢、氧、碳等元素及其化合物的知识,本节主要在学生已经掌握一定原子结构的基础上,更深层次地从微观结构分析原子的构成,从电性、电荷量入手分析构成原子的粒子之间的关系,并进一步认识物质的性质和化学反应的本质。在教学中,可采取情境教学法、任务驱动教学法、实验探究法、讲授法等,建议采用信息化教学手段,充分利用教材中的栏目组织学习活动,通过情境设置、任务驱动的方式,引导学生自主探究和小组合作,完成学习任务,发展化学学科核心素养。

课堂教学·讲究方法

一、关于原子的组成的教学

预先布置"课前导学"任务,以教材中的"情境与问题"栏目为出发点,探究相同原子的不同结构,以原子的组成和同位素两条线贯穿原子的组成的主要内容。

通过复习初中已经学过的原子的组成,引导学生回忆原子是由原子核和核外电子构成的。复习之后,深度挖掘原子核的组成、电子的运动特征及构成原子的各种粒子的质量。在教学过程中,可以采用让学生自主阅读教材、小组讨论、创设多种情境等方式让学生在自主学习的过程中得出结论,如学生可以通过阅读教材表 1-1-1"构成原子的粒子及其性质",分析讨论原子核中的质子、中子及核外电子三种粒子的电性、电荷量、质量及相对质量的关系,然后通过小组讨论,得到如下结论:原子核中 1 个质子带 1 个单位的正电荷,中子不带电,1 个核外电子带 1 个单位的负电荷,因为原子呈电中性,所以原子核内的质子数与核外电子数相同;质子和中子的质量几乎相等,并且相对质量约为 1,核外电子的质量远小于 1,可以忽略不计,所以原子的质量主要集中在原子核上,并且与原子核中的质子数与中子数有关。在此基础上,引出"质量数"的概念,让学生更容易接受"质量数"的由来及质量数与原子核中质子数和中子数的关系。最后,引导学生自己画出原子组成的关系图。在教学过程中,可以利用信息化技术手段,帮助学生认识微观世界,深入浅出地向学生介绍科学家研究原子结构的最新成果;并可以利用散裂中子源的相关内容,让学生了解我国科学家在相关领域取得的成就,增强爱国热情及民族自豪感,同时发展宏观辨识与微观探析、现象观察与规律认知等化学学科核心素养。

二、关于原子核外电子的排布的教学

原子核外电子排布的内容,要求学生了解原子核外电子是分层排布的这一基本观点,解释原子核外电子会在离核距离不同、能量不同的区间高速运动,根据电子运动的不同区域,引出"电子层"的概念,再引导学生分析不同电子层上电子的能量关系:所在电子层数越小的电子,能量越低,所在电子层数越大的电子,能量越高,所以核外电子的排布根据能量由低到高的顺序由离原子核近的电子层开始排起,即从第 1 层开始排起。引导学生阅读教材表 1-1-3"核电荷数为 1—18 的元素原子核外电子的排布"和表 1-1-4"稀有气体元素原子核外电子的排布",自主学习和小组讨论,寻找并总结规律:各电子层能容纳的电子数最多为 $2n^2$,最外层电子数不超过 8,次外层电子数不超过 18 等。通过举例说明这些规律是互相联系的,不能孤立

地理解，发展现象观察与规律认知、实验探究与创新意识等化学学科核心素养。

从"为什么要研究核外电子数"这个问题出发，说明元素的性质与原子最外层的电子数密切相关，举例分析原子得失电子变成离子的现象，引出"稳定结构"的概念，引导学生经过自己的探索得到许多原子有达到"8电子稳定结构"的倾向，为学生理解化学反应过程中原子外层电子结构的变化打下基础。发展宏观辨识与微观探析、现象观察与规律认知等化学学科核心素养。

实践活动·注重策略

建议将4~6名学生分为一组，以"核电科普知识"为题，引导学生查阅资料，了解"华龙一号"核电机组的发展及成就，并归纳总结，以演示文稿等形式介绍什么是核电，以及核电的独特优势和潜在危害，在班级交流。

知识拓展·善用资源

一、原子的8电子稳定结构

钠、镁、铝、钾、钙等活泼金属原子在化学反应中容易失去电子形成最外层电子层为8电子结构的阳离子，氟、氯、溴、碘、氧、硫等活泼非金属原子在化学反应中容易得到电子形成最外层电子层为8电子结构的阴离子，氖、氩、氪、氙等最外层电子层为8电子结构的原子的化学性质很不活泼。这些事实说明许多原子有达到最外层电子层为8电子结构的倾向，最外层电子层为8电子结构是一种比较稳定的结构。像CO_2、Cl_2、N_2等分子中各原子的最外层电子层也都是8电子结构。

这里要注意的是"8电子结构"只是一个经验性的规律，有许多情况无法用这个规律来解释，如$BeCl_2$中的铍原子，BF_3中的硼原子等原子的最外层电子都不到8个，但是也比较稳定；再如PCl_5中的磷原子、SF_3中的硫原子等原子的最外层电子都超过了8个，也可以保持稳定；还有类似于NO中的氮原子也无法用8电子结构来解释。

二、原子结构模型的演变

1. 实心球模型

实心球模型认为原子是一个坚硬的实心小球，是由英国自然科学家道尔顿于1803年提出的，是世界上第一个原子结构模型。其理论基础有3点：(1) 原子都是不能再分的粒子；(2) 同种元素原子的各种性质和质量都相同；(3) 原子是微小的实心球体。

虽然后人证实这是一个不符合实际的理论模型，但是道尔顿第一次将原子带入化学研究中，明确了今后化学家们努力的方向，化学真正地从古老的炼金术中独立出来，道尔顿也因此被后人誉为"近代化学之父"。

2. 葡萄干蛋糕模型

1904年汤姆森提出了"葡萄干蛋糕模型",即：原子是一个带正电荷的球,电子镶嵌在里面,原子好似一块"葡萄干布丁",故名"葡萄干蛋糕模型"或"枣糕模型";或是像西瓜籽分布在西瓜瓤中,所以也称"西瓜模型"。汤姆森在1897年发现了电子,否定了道尔顿的"实心球模型"。葡萄干蛋糕模型由汤姆森提出,是第一个提出存在着亚原子结构的原子模型。其理论基础有两点：(1) 电子是平均分布在整个原子上的,电子的负电荷与原子里的正电荷相互抵消；(2) 电子在受到激发时,会离开原子,产生阴极射线。

3. 行星原子结构模型

汤姆森的学生卢瑟福完成的 α 粒子轰击金箔实验(散射实验),否认了葡萄干蛋糕模型。

1911年卢瑟福提出了行星原子结构模型,其主要内容有3点：(1) 原子内的大部分体积是空的；(2) 在原子的中心有一个很小的原子核；(3) 原子的全部正电荷集中在原子核内,且几乎全部质量也集中在原子核内,带负电的电子在核外空间进行绕核运动。

4. 玻尔原子结构模型

为了解释氢原子线状光谱,玻尔在行星原子结构模型的基础上提出了核外电子分层排布的原子结构模型。玻尔原子结构模型的理论基础有3点：(1) 原子中的电子在具有确定半径的圆周轨道上绕原子核运动,不辐射能量；(2) 在不同轨道上运动的电子具有不同的能量,且能量是量子化的,轨道能量值随 $n(1,2,3,\cdots)$ 的增大而升高,n 称为量子数。而不同的轨道则分别被命名为 K($n=1$)、L($n=2$)、M($n=3$)、N($n=4$)、O($n=5$)、P($n=6$)；(3) 当且仅当电子从一个轨道跃迁到另一个轨道时,才会辐射或吸收能量。如果电子辐射或吸收的能量以光的形式表现出来并被记录下来,就形成了光谱。

5. 电子云模型

随着科学研究的深入和检测手段的进一步发展,人们对微观粒子的运动特征——波粒二象性有了更深刻的认识,提出了著名的海森堡测不准原理,并以此为基础诞生了原子的现代模型——电子云模型,其理论基础有两点：(1) 电子在原子核外很小的空间内做高速运动；(2) 电子的运行轨迹没有规律。

教材参考答案

1. (1) 参考教材图1-2-1;(2) 参考教材图1-2-1;相同。
2. (1) 3种;(2) 10;10;10。
3. 质子数55;中子数82;电子数55。

第二节　元素周期律与元素周期表

教材内容三析

解析·编写思路

元素周期律和元素周期表，揭示了元素之间的内在联系，反映了元素的性质与其原子结构的关系。

元素周期律揭示了元素原子核电荷数的递增引起元素性质发生周期性变化的事实，有力地论证了原子核中质子数量变引起质变的规律；元素周期律为发展物质结构理论提供了客观依据，证明了原子的电子层结构与元素周期表有密切关系；元素周期律也为发展过渡元素结构理论提供了线索，甚至还可以指导新元素的发现、预测新元素的结构和性质。

教材从"2019年是门捷列夫发表第一张元素周期表150周年"引入本节的主要内容，激发学生对元素周期表的好奇心。在学生已经基本了解了元素周期表之后，设置"观察与认知"栏目，引导学生分别从横向和纵向观察元素周期表，发现规律，思考元素周期表的结构特征，分析元素的最外层电子数与元素周期表纵列之间的关系，分析元素的电子层数与元素周期表横排之间的关系，从而整体理解元素周期表的结构特征。

在理解元素周期表的基础上，通过"观察与认知"栏目，引导学生思考同一周期，从左向右，或者同一主族，从上到下，原子核外电子的排布规律、元素的原子半径大小的规律、元素主要化合价的规律等，从而归纳出元素周期律。在此基础上，以第三周期的元素为代表，以"实验与探究"栏目为引导，通过实验，分析元素性质的周期性变化，揭示同周期元素从金属元素到非金属元素性质的变化规律。

分析·教学内容

一、地位和作用

本节内容是本主题的重要内容，难度也比较大，教材在介绍原子结构的基础上，通过多种栏目的设置，介绍元素之间的关系，尤其是元素的原子核外最外层电子数的关系，为树立"结构决定性质"的观念打下坚实的基础。

二、与核心素养之间的联系

本节内容主要分为三个部分：元素周期表、元素周期律及元素周期表中元素性质的递变规律。

1. 元素周期表

在学生了解了原子结构的基础上，通过"观察与认知"栏目，引导学生研究 1—20 号元素原子的结构示意图，分别从横向和纵向观察，分析特点找规律，得出元素周期表的结构特征。进一步从"周期"和"族"分析元素周期表的结构，得出元素在元素周期表中的位置与该元素原子核外电子的排布情况之间的关系。培养学生自主学习和总结规律的能力，发展宏观辨识与微观探析等化学学科核心素养。

2. 元素周期律

元素周期表是元素周期律的具体体现，在学生对元素周期表有一定的了解之后，引导学生根据元素在元素周期表中的位置，分析元素的性质。从"观察与认知"栏目出发，引导学生分析在同一周期，从左到右，或在同一主族，由上到下，随着原子序数的递增，原子的核外电子排布呈现的变化规律、元素的原子半径呈现的变化规律以及元素的主要化合价呈现的周期性变化规律，进而认知元素周期律，发展现象观察与规律认知等化学学科核心素养。

3. 元素周期表中元素性质的递变规律

本部分的内容是在认知元素周期律的基础上，进一步以"实验与探究"栏目，引导学生通过观察实验现象分析具体元素的相关性质，如以第三周期中的钠、镁、铝为代表，分析它们的金属性的变化规律，得出钠、镁、铝的金属性依次减弱的结论；再以硅、磷、硫、氯四种元素为代表，分析它们的非金属性的变化规律，得出相关结论；再以碱金属和卤族元素为代表，分析同一主族元素，从上到下，随着原子序数递增，其金属性和非金属性的递变规律。发展实验探究与创新意识等化学学科核心素养。

剖析·重点难点

本节的教学重点主要有元素周期表的结构、元素在元素周期表中的位置及其性质的递变规律。

从元素的"位置—结构—性质"关系出发，分析元素在元素周期表中的位置与其原子核外电子排布之间的关系，分析该原子核外电子排布与其化学性质之间的关系，从而进一步认识元素周期表，理解元素周期律，分析元素相关性质的变化规律。

本节的教学难点主要有原子结构与元素性质的关系。

在认识元素周期表的基础上，分别从横向和纵向观察并分析元素性质的递变规律，揭示原子结构和元素性质的内在联系。

教学实施建议

元素周期律指元素的性质随原子序数的递增而呈周期性变化的规律。它把许多化学事实联系起来，说明了元素性质的周期性变化规律。本节主要在学生已经掌握一定的元素周期律的基础上，从更深的层次探究同周期、同主族元素性质的变化规律，进一步认识元素周期律。在教学中，由于内容比较抽象，可以采用情境教学法、任务驱动教学法、实验探究法、讲授法等，建议采用视频、动画等信息化教学手段，充分利用教材中的栏目组织学习活动，通过情境设置、任务驱动的方式，引导学生自主探究和小组合作，完成学习任务，发展化学学科核心素养。

课堂教学·讲究方法

一、关于元素周期表的教学

教师预先布置"课前导学"任务，让学生复习1—20号元素原子的结构示意图，为学习元素周期表打下基础。

教师可以引导学生从各元素电子层数和最外层电子数两个角度分析1—20号元素的原子结构示意图，让学生根据规律将前20号元素进行排列，尝试制作元素周期表。然后利用"观察与认知"栏目再次让学生分析前20号元素在元素周期表中的位置，得出元素周期表横向和纵向的变化特点，再由教师总结"周期"与"族"的概念，得出相关结论：元素的周期序数等于元素原子的电子层数；主族元素的族序数等于元素原子最外层的电子数。了解元素周期表中一些性质突出的元素，如碱金属元素、卤族元素、稀有气体元素及过渡元素等。在学习过程中，学生通过设计并制作元素周期表，可以体会科学研究的方法，熟悉元素周期表的结构，加深对元素周期表编排规律的理解，认识原子结构与元素周期表之间的联系，明白"结构与位置"之间的联系，发展宏观辨识与微观探析等化学学科核心素养。

二、关于元素周期律的教学

这一部分的内容主要是让学生从整体上理解元素周期律，根据元素原子的核外电子排布和元素在元素周期表中的位置，分析同一周期，从左到右，或同一主族，由上到下，元素的原子半径、主要化合价、金属性及非金属的周期性变化。在教学过程中，要重点引导学生从"观察与认知"栏目出发，思考元素原子的半径、主要化合价、金属性及非金属性的变化，尤其是在分析元素的金属性与非金属性时，让学生明确元素的金属性与非金属性与其原子得失电子之间的关系，让学生建立"结构决定性质"的理念，发展现象观察与规律认知等化学学科核心素养。

三、关于元素周期表中元素性质的递变规律的教学

教材对元素性质与原子结构关系的揭示，主要是通过实验探究同周期中主族元素和同主族中元素金属性和非金属性递变的规律完成的，这也是本节课的重点及难点，教学中要注意教给学生思考问题的思路和方法，从"实验与探究"栏目出发，让学生通过观察实验现象分析钠和镁金属性的强弱关系，然后再分析镁和铝金属性的强弱关系，从而得到同一周期上钠、镁、铝的金属性依次减弱的规律，通过教材表1-2-4，结合所学知识，让学生明白同一周期非金属元素的非金属性的递变规律；再通过"观察与认知"栏目，让学生分析处于同一主族的碱金属元素及卤族元素金属性和非金属性的递变规律。

规律之外，也有特性，引导学生通过"拓展延伸"栏目中关于过渡元素的内容，了解常用于加工制造行业的过渡金属的特性，发展学生规律性与特殊性共存的辩证思维。

本节内容特别注重对学生的思考能力的培养，教师在教学过程中要注重引导，发展宏观辨识与微观探析、现象观察与规律认知等化学学科核心素养。

实践活动·注重策略

1. 引导学生查阅资料，了解门捷列夫、梅耶等科学家的生平及贡献，感受科学家们在追求真理、探索规律过程中严谨的科学态度及刻苦的钻研精神，同时感悟科学家们在专业领域中丰富的想象力及创造力，激励学生在学习中勇攀高峰，增强学生的学习动力，培养学生自主学习和总结规律的能力，发展实验探究与创新意识、科学态度与社会责任等化学学科核心素养。

建议将4~6名学生分为一组，合作完成对门捷列夫及梅耶的生平及贡献介绍，了解来自不同国家的三位科学家分别发现镓、钪和锗的故事，知道镓、钪、锗的发现与元素周期表的关系，结合118号元素氮的介绍，让学生体会元素周期表对新元素发现的指导作用，让学生感悟科学家们对科学研究和人类文明发展的贡献。可以以海报或短视频等形式呈现，培养学生的团队合作意识，增强团队合作能力，增强学生在团队中的责任意识，发展现象观察与规律认知、科学态度与社会责任等化学学科核心素养。

2. 任务一：

我国稀土元素储量丰富，引导学生查阅资料，了解我国稀土元素资源的储量、分布情况及稀土元素的应用领域，以及"中国稀土之父"徐光宪院士的事迹，感受我国丰富的矿产资源，激发学生的爱国热情及民族自豪感，同时培养学生获取信息及加工信息的能力，发展科学态度与社会责任等化学学科核心素养。

建议将4~6名学生分为一组，整理稀土元素的物理特性，收集含有稀土元素的新型材料的资料，了解新型材料的性能与用途，分析稀土元素的作用，以课件、短视频、海报等形式，在班级中交流介绍，增强学生的团队合作意识，培养学生归纳、分析、总结等应用能力，引导学生树

立资源保护意识,践行绿色发展理念,培养社会责任感。

任务二:

以元素周期律的应用为研究对象,引导学生以同一周期或同一主族元素为例,设计实验方案,根据实验现象,分析同一周期或同一主族元素性质的递变规律,解释产生现象的原因,揭示化学变化的本质,认识化学反应的规律,归纳元素周期律,发展现象观察与规律认知等化学学科核心素养。

以元素周期表的应用为研究对象,引导学生根据元素周期律,根据元素在元素周期表中的位置,推测其原子结构和性质;根据元素的原子结构,推测它在周期表中的位置,培养学生对规律的认识,发展现象观察与规律认知等化学学科核心素养。

建议将 4~6 名学生分为一组,梳理元素周期律和元素周期表的应用,并制成小报,在班级分享,加强学生对知识的掌握和对规律的认识,发展实验探究与创新意识等化学学科核心素养。

知识拓展·善用资源

一、地球上"最神秘"的金属——锡

一般情况下金属具有很强的稳定性,它们坚固,不容易挥发,并且韧性都很强。但是地球上"最神秘"的金属,它怕冷还怕热,甚至在低温的环境当中还会转变成另一种形式,它就是锡。锡是一种具有银白色金属光泽,熔点非常低的金属。在空气中锡是不容易被氧化的,所以一般情况下它可以做包装纸或者用来制作易拉罐,也可以利用锡的这一特性做一层防护层保护其他比较容易腐蚀的金属。

正常情况下锡存在两种状态,一种是灰锡,一种是白锡。如果将一块白锡放在低于 13.2 ℃ 的环境当中,白锡就会慢慢地变成像煤炭一样的粉末,即转变成了灰锡,这个过程也称"锡瘟疫"。

只不过这个过程是可逆的,只要将灰锡在高温中融化,不久灰锡就会复原成白锡了。当然,白锡不仅怕冷还怕热,在 161 ℃ 以上白锡就又会变成斜方锡。斜方锡很脆,甚至一敲就会碎掉,延展性也非常差。

而在特定的条件下锡元素还可以开出灿烂的花,只要在氯化亚锡溶液中通入 1 A 的电流,就可以发现阴极会出现特别漂亮的晶体,这个过程就是把金属锡还原并析出的过程。

二、形状记忆合金

20 世纪 70 年代,材料学科领域出现了一种具有"形状记忆"功能的合金,称为形状记忆合金。形状记忆合金是一种性能特殊的合金。在盛有凉水的容器中,拉长一根由形状记忆合金制成的弹簧,把弹簧放入热水中,弹簧自动地收拢了;再放入凉水中,弹簧恢复了它拉长时的形状,而再次放入热水中,则弹簧又会收缩,理论上可以做到无限次的拉开和收缩,收缩再拉开。这是因为形状记忆合金的微观结构有两种相对稳定的相态,在高温下形状记忆合金被固定成想要的形状后,温度的改变会引起形状记忆合金微观结构的相变,而相变带来了形状记忆合金形状的变化。形状记忆合金主要是镍钛合金,也有铜基和铁基形状记忆合金。

教材参考答案

1. (1) 原子结构示意图略,硅位于第三周期,第ⅣA族;(2) 原子结构示意图略,铝位于第三周期,第ⅢA族。

2. 氯是17号元素,氯原子结构示意图略,氯位于第三周期,第ⅦA族;氧是8号元素,氧原子结构示意图略,氧位于第二周期,第ⅥA族。

3. (1) $HClO_4$;(2) KOH的碱性强于NaOH。

4. 元素周期表中从ⅢB到ⅥB的过渡元素,如钛、钽、钼、钨、铬,具有耐高温、耐腐蚀等特点。它们是制作特种合金的优良材料,是制造火箭、导弹、飞机、坦克等的不可缺少的金属。

第三节 化学键

 教材内容三析

解析·编写思路

初中化学讨论了离子的概念,学生知道了带正电的钠离子与带负电的氯离子可以形成氯化钠,也知道了物质是由分子、原子或离子构成的,但学生并不知道离子化合物及共价化合物的概念,也不知道它们是如何形成的。本节从微观粒子相互作用的视角,讨论物质的构成,并揭示化学反应的本质。

教材以"同是由碳元素组成的铅笔芯与金刚石的硬度差别巨大"这一情境出发,激发学生的学习欲望,了解微粒之间的相互作用对物质的性质影响巨大。从"观察与认知"栏目出发,引导学生观察钠原子与钠离子、氯原子与氯离子核外电子排布的不同点,让学生了解离子键的形成过程及条件。用原子结构示意图表示化学键的形成过程清晰、直观,但相对比较烦琐,所以通常都用电子式表示化学键的形成过程。教材"拓展延伸"栏目明确了"电子式"的概念,教学中,要根据化学键的形成方式或成键本质,引导学生理解并掌握电子式的正确书写方式。在了解离子键的基础上,通过"观察与认知"栏目,让学生了解在氢原子和氯原子都不容易失去电子的情况下,是如何形成氯化氢分子的。通过提问,引导学生重点学习共价键的成键特征,了解共价化合物的概念。

"离子键"部分从学生非常熟悉的物质入手,提出"依据原子结构的有关知识,观察分析氯化钠的形成"这一问题,接下来从微粒间相互作用的视角,讨论钠原子和氯原子如何通过相互作用达到稳定结构,解释氯化钠的形成过程,从而引出离子键的概念。与共价键相比,离子键的概念相对容易理解,先介绍离子键,再利用"粒子间通过相互作用达到稳定结构"这一思路来讨论共价键,可以使学生更易接受共价键的概念。并通过"化学与强盛中国"栏目介绍嫦娥五号探测器圆满完成月球采样任务,培养学生的民族自豪感,将爱国主义教育自然而然地渗透到化学课程的教学中。

分析·教学内容

一、地位和作用

化学键对于学生来说是个全新的概念,教材中介绍了离子键、共价键及相应的离子化合物

和共价化合物,相对比较抽象,通过引入电子式,帮助学生形象地认识微观、抽象的概念和过程,帮助学生认识分子是有一定的空间结构的,并通过电子式形象地解释化学反应的本质,是后续无机化学和有机化学等教学内容的基础,具有承上启下的作用。

二、与核心素养之间的联系

本节内容主要分为两个部分:离子键、共价键。

1. 离子键

学生从微观角度认识物质结构、性质及其变化时是伴随相关具体知识的学习而逐渐深入的。初中阶段,学生通过学习分子、原子等相关知识,认知角度开始从宏观物质转向微观粒子,能够从构成物质微粒的角度来认识物质及其变化过程。在此基础上,通过"观察与认知"栏目,引导学生明白化学反应的过程是微粒重新组合的过程,以及物质发生化学反应时伴有能量变化。学生要明白原子或离子结合形成分子的过程,以及化学反应中原子重新组合的实质和原因。在符号表征方面,学生要从掌握化学式和原子结构示意图转向掌握电子式,发展宏观辨识与微观探析、现象观察与规律认知等化学学科核心素养。

2. 共价键

在学生了解了离子键的形成过程及形成条件的基础上,让学生尝试写出氯化氢分子的形成过程,引导学生从离子键的形成条件出发,分析氯化氢分子的形成过程有没有电子的得失,再根据教材中"观察与认知"栏目,让学生从原子核外电子排布的角度出发,分析氢原子与氯原子在形成氯化氢分子时,形成的化学键的特点,从而总结共价键的概念,并通过"化学与强盛中国"栏目介绍嫦娥五号探测器圆满完成月球采样任务,发展现象观察与规律认知等化学学科核心素养,融入课程思政元素。

剖析·重点难点

本节的教学重点主要有离子键、共价键、离子化合物、共价化合物的概念,电子式的书写。

以典型物质为例,认识离子键和共价键的形成过程和形成条件,建立化学键的概念,分析离子化合物和共价化合物的特征。

本节的教学难点主要有从粒子间相互作用的角度,理解离子键和共价键的不同点,认识化学反应的本质。

能从化学键的角度对物质进行分类,能从构成物质的微粒及其相互作用的角度说明物质性质的异同,能够分析出物质性质差异的本质原因,理解离子键和共价键的不同点,认识化学反应的本质。

教学实施建议

化学键是分子中相邻原子之间的强烈相互作用。本节主要从微观结构角度讲解化学键的概念,使学生理解化学键的断裂。在教学中,可采用情境教学法、任务驱动教学法、实验探究法、讲授法等,建议采用信息化教学手段,充分利用教材中的栏目组织学习活动,通过情境设置,任务驱动的方式,引导学生自主探究和小组合作,完成学习任务,发展化学学科核心素养。

课堂教学·讲究方法

一、关于离子键的教学

教师预先布置"课前导学"任务,让学生画出钠原子、氯原子、氢原子的核外电子排布示意图,为本次课做好理论铺垫。

从学生熟悉的氯化钠入手,分析钠原子变成钠离子的过程,以及氯原子变成氯离子的过程,教师可以提出从原子结构的角度分析,钠原子和氯原子是如何形成氯化钠的?为什么钠原子失去一个电子变成了钠离子?为什么氯原子得到一个电子变成了氯离子?教师可以从"得失电子的数量"及"稳定结构"两个方面阐述氯化钠的形成过程和形成条件,让学生从微观角度理解化学变化的过程。引入"电子式"的概念,再次明确化学反应和原子的最外层电子数有关,要让学生体会到电子式书写的每一个要求和规则都有其必要性,能用化学学科特有的符号,以简洁的方式表征"微观—宏观"之间的内在联系,让学生明白"结构与性质"之间的联系。

二、关于共价键的教学

在理解离子键及稳定结构理论的基础上,让学生分析氯化氢的形成过程,引导学生发现氯化氢的形成过程与氯化钠的形成过程的不同点,从而引出共价键的概念,分析共价键的形成条件及共价键的类型。通过介绍共价化合物,简单说明共价键具有一定的空间结构,介绍极性共价键和非极性共价键的区别,引入"结构式"的概念,将电子式简化。教师可以采用展示模型、图片、播放动画等微观模拟的方式,将微观世界可视化,加深学生对微观世界的理解。

三、关于学生实验的教学

通过化学实验基本操作实验,引导学生掌握化学实验基本操作技能;形成良好的实验室工作习惯,养成实事求是的科学态度;要求学生遵守实验室安全守则,了解实验室常见意外事故的处理方法,正确选用实验仪器和试剂,规范操作;能识别常见易燃、易爆化学品的安全标识,树立安全意识和环保意识。发展实验探究与创新意识、科学态度与社会责任等化学学科核心素养。

知识拓展·善用资源

一、氢键

当氢原子与电负性大的原子 X 以共价键结合时,若与电负性大、半径小的原子 Y(O、F、N 等)接近,则在 X 与 Y 之间以氢为媒介,生成 X—H……Y 形式的一种特殊的分子间或分子内相互作用,称为氢键。形成氢键的 X 与 Y 可以是同一种类的分子,如水分子之间的氢键;也可以是不同种类的分子,如一水合氨分子($NH_3·H_2O$)之间的氢键。

形成分子间氢键时,化合物的熔、沸点显著升高。HF 和 H_2O 等第二周期元素的氢化物,由于分子间氢键的存在,要使其固体熔化或液体气化,必须给予额外的能量破坏其分子间氢键,所以它们的熔、沸点均明显高于各自同族的氢化物(甲烷除外)。值得注意的是,能够形成分子内氢键的物质,其分子间氢键的形成将被削弱,因此它们的熔、沸点不如只能形成分子间氢键的物质高。硫酸、磷酸都是高沸点的无机强酸,但是硝酸由于可以形成分子内氢键,因此硝酸是一种有挥发性的无机强酸。由于氢键具有定向性,氢键在分子形成晶体的堆积过程中有一定作用。尤其当体系中形成较多氢键时,通过氢键连接成的网络结构和多维结构在晶体工程学中有重要意义。

二、极性分子和非极性分子

分子中正、负电荷中心不重合,从整个分子来看,电荷的分布是不均匀、不对称的,这样的分子称为极性分子。由极性共价键结合的双原子分子一定是极性分子,由极性共价键结合的多原子分子视结构情况而定,如 CH_4 就不是极性分子。分子中正、负电荷中心重合,从整个分子来看,电荷的分布是均匀、对称的,这样的分子称为非极性分子。

以下分子为典型极性分子:CO,NO,H_2O,H_2S,NO_2,SO_2,NH_3,H_2O_2,CH_3Cl,CH_2Cl_2,$CHCl_3$,CH_3CH_2OH。

以下分子为典型非极性分子:Cl_2,H_2,O_2,N_2,CO_2,CS_2,BF_3,P_4,C_2H_2,SO_3,CH_4,CCl_4,SiF_4,PCl_5,$BeCl_2$,BBr_3。

教材参考答案

1. H_2S:共价键;K_2S:离子键。

2. MgO、Na_2SO_4、KOH、NH_4Cl;H_2SO_4、H_2S、SO_3、C_2H_5OH。

3. (1) ×;(2) √;(3) ×;(4) √;(5) ×;(6) ×。

教学设计案例

课题名称		化学键		
教材分析		"化学键"是高等教育出版社出版的《化学（加工制造类）》主题一"原子结构与化学键"第三节的教学内容。化学键对于学生来说是个新的概念，教材中介绍了离子键、共价键及相应的离子化合物和共价化合物，通过引入电子式，帮助学生形象地认识微观、抽象的概念和过程，帮助学生认识到分子是有一定的空间结构的，并可以通过电子式形象地解释化学反应的本质		
学情分析		**知识与能力基础：** 学生已经掌握了原子结构、离子的概念以及化合价的概念，初步具备微观想象能力和一定的空间想象力。 **心理特点：** 中职学生已具备一定的自主思考能力，遇到问题会自己想办法解决，适时给他们提出些问题，有助于激发他们的好奇心，产生学习化学的兴趣		
教学目标		1. 了解构成分子的粒子间的相互作用，建立化学键的概念。 2. 认识离子键和共价键的形成过程及形成条件，知道离子化合物和共价化合物。 3. 理解化学键的断裂和生成是化学反应中物质变化的实质		
核心素养		能从宏观现象以及化学键等不同角度对物质进行分类。能对典型粒子间的相互作用进行分析，能从物质的构成粒子及相互作用说明物质性质的异同，发展宏观辨识与微观探析等化学学科核心素养		
教学重点		离子键、共价键、离子化合物、共价化合物的概念，电子式的书写		
教学难点		从微粒间相互作用的视角，理解离子键和共价键的不同点，认识化学反应的本质		
教学方法		教法：讲授法、演示法； 学法：自主学习法、合作学习法		
	教学环节	教师活动	学生活动	设计意图
课前	课前准备	课前布置导学任务，画出1—20号元素的原子核外电子排布示意图，并分析哪些原子容易失去电子，哪些原子容易得到电子？	完成导学任务和自我检测	发布导学任务，让学生为本次课做好知识储备

续表

教学环节		教师活动	学生活动	设计意图
课中	环节一 新课引入	【提问】 1. 前面我们学习了元素周期表,目前发现的元素共有多少种? 2. 这一百多种元素组成的物质却数以千万计,目前已知的物质超过三千万种,这是一个多么庞大的数字,那么元素的原子是通过什么作用形成如此丰富多彩的物质的呢? 【播放视频】 石墨和金刚石	【思考并回答】 两个数字,差异巨大,引导学生深入思考 【观看视频】	用问题引导学生思考,激发学生的学习兴趣,调动学生参与课堂活动的积极性
	环节二 复习旧知	【播放视频】 钠在氯气中燃烧生成氯化钠的实验	【观看视频】 观察实验现象,回顾氯化钠的生成过程	复习旧知识,思考实验现象背后的实验本质
	环节三 探索新知	【讲解】离子键 1. 概念:阴、阳离子通过静电作用所形成的化学键。 2. 条件: (1) 活泼金属元素 Na、K、Ca、Mg 与活泼非金属元素 O、S、F、Cl 之间易形成离子键。即元素周期表中ⅠA、ⅡA 主族元素和ⅥA、ⅦA 之间易形成离子键。 (2) NH_4^+、CO_3^{2-}、SO_4^{2-} 等原子团也能与活泼的非金属或金属元素形成离子键。强碱与大多数盐都存在离子键。 3. 成键本质:静电作用。 4. 离子化合物。	【观察】 仔细观察离子键的形成过程,加深对离子键形成的理解。 【理解】 明确化学反应与原子的最外层电子数有关系,会用电子式表示原子、阳离子、阴离子。	通过播放视频、动画展示钠原子和氯原子形成 NaCl 的过程,让学生更形象生动地理解离子键的本质,比传统的讲解形式更能让学生从微观角度建立离子键的概念

续表

教学环节		教师活动	学生活动	设计意图
课中	环节三 探索新知	【讲解】电子式 1. 用电子式表示原子、阳离子、阴离子。 2. 用电子式表示物质的形成过程。 3. 布置课堂练习。 【过渡】 1. 让学生用学过的知识分析氯化氢的形成过程，并用电子式表示该过程。 2. 引导学生发现问题，解决问题。 【讲解】共价键 1. 概念：原子间通过共用电子对所形成的化学键。 2. 成键粒子：一般为非金属原子。 3. 形成条件：非金属元素的原子之间或非金属元素的原子与某些不活泼的金属元素的原子之间可以形成共价键。 4. 注意：含有共价键的化合物不一定是共价化合物，如 $NaOH$、Na_2SO_4、NH_4Cl 等。 5. 共价化合物：只含有共价键的化合物称为共价化合物。 6. 键的种类：非极性共价键及极性共价键	【课堂练习】 【观察】 观察氯化氢的形成过程，并发现问题、解决问题。 【自主探究】 发现共价键与离子键的区别，理解极性共价键与非极性共价键的特征	
	环节四 拓展迁移	【提问并总结】 以思考题的形式进行任务延伸教学： 1. 总结离子化合物的种类。 2. 总结共价化合物的种类	【完成拓展任务】	通过问题引导学生延伸教学

教学环节		教师活动	学生活动	设计意图
课后	课后提升	结合教材中的实践活动,引导学生运用所学知识解决实际问题	作业一:完成课后练习; 作业二:以小组为单位开展实践活动,交流讨论	理论与实践结合,在实践中学习,培养学生探究和创新的意识,提高学生解决问题的能力和社会责任感

教学评价:

1. 通过课堂练习和课后练习评价学生对于知识的掌握程度。

2. 通过学生的课堂表现和拓展活动进行化学学科核心素养的评价。

教学反思:

1. 课前布置导学任务,让学生上课时做到有备而来。

2. 课堂上以问为导,培养学生的思考能力,课后进行内容拓展,培养学生的课外延伸学习能力。

3. 借助信息化手段,提高课堂效率及课堂质量,让学生能感受到微观世界的变化,增强学生的好奇心,发展学生宏观辨识与微观探析等化学学科核心素养。

教学评价反思

通过本主题教学,您有哪些收获和不足,请填入表中。

节	重点、难点把握	核心素养培育	学生积极性调动	教学设计亮点	信息化手段应用	教学效果	其他
原子结构							
元素周期律与元素周期表							
化学键							
学生实验:化学实验基本操作							

主题二

化学反应及其规律

课程标准要求

节	内容要求	学时分配建议（共 4 学时）
氧化还原反应	了解氧化反应、还原反应和氧化还原反应的概念，认识有化合价变化的反应是氧化还原反应，了解氧化还原反应的本质是原子间电子的转移，知道常见的氧化剂和还原剂	1
化学反应速率	了解化学反应速率的概念及表示方法；了解温度、浓度、压强和催化剂对化学反应速率的影响；了解催化剂在生产、生活中的重要作用	1
化学平衡	认识化学反应的方向性，了解可逆反应的含义，知道可逆反应在一定条件下能达到平衡状态；了解吸热反应和放热反应，了解浓度、压强、温度对化学平衡状态的影响	2

第一节 氧化还原反应

教材内容三析

解析·编写思路

初中阶段,学生接触了氧化反应和还原反应的基本概念:与氧化合的反应,称为氧化反应;从含氧化合物中夺取氧的反应,称为还原反应。但从这种角度分析氧化还原反应有一定的局限性,因此本节内容将对与初中阶段的氧化反应和还原反应有类似特征的反应进行进一步延伸。更广泛意义的氧化还原反应是将元素化合价升高的反应称为氧化反应,元素化合价降低的反应称为还原反应。燃烧、呼吸作用、光合作用、化学电池、金属冶炼、火箭发射等都与氧化还原反应有关。

本节教材的编写思路为通过已有知识认识氧化还原反应的概念,进而从化合价的视角引出氧化还原反应的特征,再从微观电子得失或共用电子对偏移的角度揭示氧化还原反应的本质,最后提出氧化还原反应的应用实例,思路可以概括为:氧化还原反应的概念→氧化还原反应的本质→氧化还原反应的应用实例,符合学生的认知规律。教材首先通过"情境与问题"栏目,让学生回忆初中学习的从得到氧元素和失去氧元素的角度建立的氧化反应、还原反应的认识,在此基础上,从化合价有无变化的角度分析具体的化学反应,从化合价的角度认识氧化还原反应;再从原子结构的角度出发,以钠与氯气、氢气与氯气的反应为例,分析氧化还原反应的实质是电子得失或共用电子对偏移;然后进一步联系实际,举例说明常见的氧化剂和还原剂;最后通过"思考与应用"栏目,说明氧化还原反应在生产生活中有着广泛的应用。

分析·教学内容

一、地位和作用

氧化还原反应是中职化学的重要概念之一,是中职化学必须掌握的反应类型。对于中职化学知识体系,氧化还原反应作为一条知识线贯穿其中。氧化还原反应是对初中学习的氧化反应、还原反应的进一步拓展,可以帮助学生认识物质的性质,对学生后期学习化合物、电化学等知识具有指导作用。

二、与核心素养之间的联系

本节内容主要分为两个部分：氧化还原反应、氧化剂和还原剂。

1. 氧化还原反应

有电子得失或共用电子对偏移的反应称为氧化还原反应。在氧化还原反应中，得电子总数等于失电子总数（化合价降低总数等于化合价升高总数）。学生通过思考"观察与认知"栏目、观察教材图 2-1-3 "氯化氢分子形成示意图"发展宏观辨识与微观探析、现象观察与规律认知等化学学科核心素养。

2. 氧化剂和还原剂

氧化还原反应中，凡是失去电子（或共用电子对偏离）、化合价升高的物质称为还原剂；凡能得到电子（或共用电子对偏向）、化合价降低的物质称为氧化剂。学生通过观察化学反应中元素化合价的升降和完成"交流与讨论"栏目，发展宏观辨识与微观探析、现象观察与规律认知等化学学科核心素养。

<h2 style="text-align:center">剖析·重点难点</h2>

本节的教学重点主要有氧化还原反应的概念、特征及本质。

首先指出氧化、还原是对立统一的矛盾综合体，两者相伴相生、缺一不可。因此，在化学反应中，有元素化合价升高的物质，必然有元素化合价降低的物质；有氧化反应，必然有还原反应，二者是相伴相生的，共同存在于同一个反应当中，继而总结氧化还原反应的知识结构。氧化还原反应的本质是电子得失或共用电子对的偏移，从电子得失的角度分析常见的氧化还原反应，并能从化合价变化和电子转移的角度准确判断出氧化剂、还原剂、氧化产物、还原产物。由于学生初次接触氧化剂、还原剂等新概念（图 2-1-1），教师需要以典型反应——铜与浓硝酸的反应、氢气与氯气的反应等为例，从化合价和电子转移两个层面对新概念进行定义，建立电子有得必有失以及化合价有升就有降的守恒概念，引导学生体会辩证统一的思想。同时学生可以通过解决简单的实际问题，熟悉并初步运用这些化学概念。

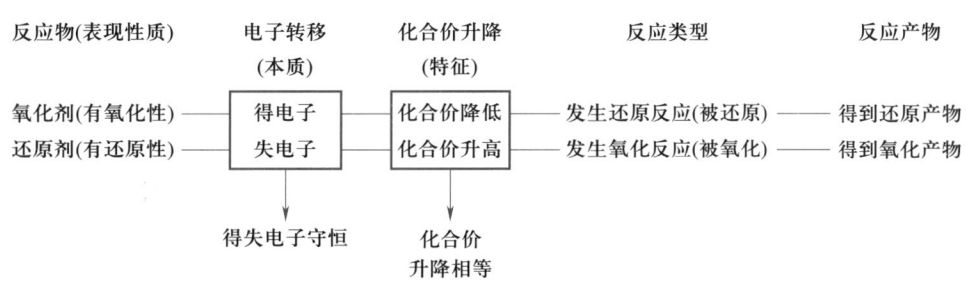

图 2-1-1 氧化还原反应知识图

本节的教学难点主要有氧化还原反应的本质。

氧化还原反应的本质是电子得失或共用电子对的偏移,体现为元素化合价的升降。所以学习化合价是学习氧化还原反应的基础,氧化还原反应的本质(即从电子转移的角度认识氧化还原反应)涉及两部分内容的理解:(1)理解元素化合价的变化和电子转移的关系;(2)从元素化合价变化的角度认识氧化还原反应(图2-1-2)。

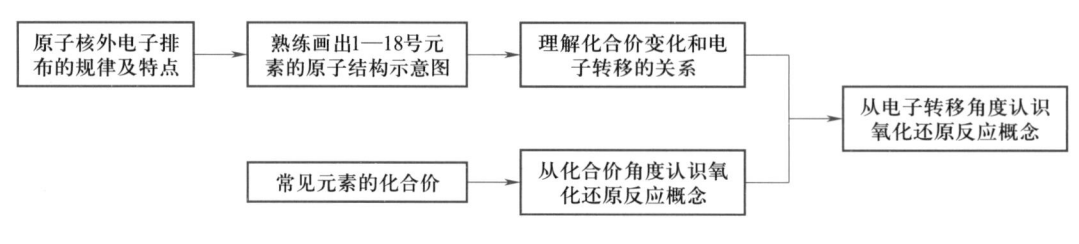

图 2-1-2 认识氧化还原反应

在讲解微观抽象概念时,可以借助多媒体技术,以视频、图像及动画等方式开展氧化还原反应的教学,将抽象的化学知识更为直观形象地展示出来。例如,在进行钠与氯气的反应、氢气与氯气的反应教学时,教师可以利用多媒体展示氯化钠、氯化氢的形成过程中钠原子与氯原子、氢原子与氯原子的电子得失(共用电子对偏移)情况,然后再以此为基础进行后续知识的教学,这样可以有效降低知识的理解难度,提高化学课堂的教学质量。

📖 教学实施建议

氧化还原反应在反应前后元素化合价降低总数等于化合价升高总数。在氧化还原反应中,凡能得到电子(或共用电子对偏向)的物质称为氧化剂,与此对应,凡是失去电子(或共用电子对偏离)的物质称为还原剂。本节主要在学生已经掌握一定的氧化还原反应知识的基础上,从微观角度分析氧化还原反应的本质是电子得失(共用电子对偏移),从电子得失和共用电子对偏移的角度分析常见的氧化还原反应。在教学中,可采取情境教学法、任务驱动教学法、实验探究法、讲授法等,建议采用视频、动画等信息化教学手段,充分利用教材中的栏目组织学习活动,通过情境设置,任务驱动的方式,引导学生自主探究和小组合作,完成学习任务,发展化学学科核心素养。

课堂教学·讲究方法

一、关于氧化还原反应的教学

首先引导学生阅读教材"观察与认知"栏目,提出问题:(1)运用初中化学知识将这些化学反应分类;(2)从得氧、失氧的角度分析氧化铜被氢气还原的反应类型;(3)为什么说氧化反应和还原反应既彼此对立又相互统一?通过讲解实例让学生认识到氧化反应和还原反应是同时发生的,并不是相互孤立的。进一步提出问题:(1)氧化铜被氢气还原的反应除了得氧、失氧,还有哪些显性的变化?(2)氧化还原反应是否一定要有氧参与?实际上,得氧、失氧的同时还发生了化合价的变化:得氧使得元素化合价升高,失氧则使元素化合价降低。因为氧是自然界中除氟元素以外氧化性最强的元素,所以一般氧元素都因得到电子而显负价,当某非氟元素与氧结合,其价态就会升高,即被氧化;而当该元素与氧分开时,其价态就会降低,即被还原。只要有化合价变化的反应,都是氧化还原反应,所以氧化还原反应不应只局限于得氧、失氧,而是应该扩展到有化合价变化的反应。接着进一步提问:(1)以两个典型的反应——钠和氯气反应、氢气和氯气为例,分析反应中元素化合价的变化情况;(2)氧化还原反应中元素化合价变化的本质究竟是什么?循序渐进,提出氧化反应的本质是失去电子或共用电子对偏离,表现为元素化合价的升高;而还原反应的本质是得到电子或共用电子对偏向,表现为元素化合价的降低。一个原子失去电子,必然伴随着另一个原子得到电子,因此电子有得必有失,化合价有升必有降。

二、关于氧化剂和还原剂的教学

结合氧化剂和还原剂的概念,引导学生形成从电子转移的角度定义氧化剂和还原剂的认识,帮助学生理解氧化还原反应的本质。关于氧化剂、还原剂、得失电子以及化合价升降的概念容易混淆,对应过程容易出错,所以可通过口诀帮助学生记忆。要注意氧化剂、还原剂指的是反应物,而不是元素。

教师还可以举例说明常见的氧化剂:部分活泼的非金属单质（F_2、Cl_2、Br_2、O_2 等）、部分含元素最高价态的物质（H_2SO_4、HNO_3、$KMnO_4$ 等）以及部分元素处于中间价态的物质（$HClO$、H_2O_2 等）。

再举例说明常见的还原剂:部分非金属单质（C、S、H_2 等）、活泼的金属单质（Mg、Al、Zn、Fe 等）以及含元素最低价态的物质（KI、H_2S、NH_3 等）,以及部分元素处于中间价态的物质（SO_2、H_2O_2 等）。

F、Cl、Br、O 这些活泼的非金属元素,最外层电子数大于等于 6,在化学反应中容易得到电子,表现出氧化性;Mg、Al、Zn、Fe 这些金属元素最外层电子数小于等于 3,在化学反应中容易失去电子,表现出还原性。另外,处于高价态的元素容易得到电子,化合价降低,具有氧化性;处于低价态的元素容易失去电子,化合价升高,具有还原性。

知识拓展·善用资源

氧化还原反应的应用——化学电池

电池是一种能量储存与转化的装置,它可以将化学能或物理能转化为电能。化学电池就是将化学能转化为电能的装置。通常情况下我们将化学电池分为一次电池和二次电池:

（1）一次电池就是使用一次后就被废弃的电池。常见的一次电池有锌锰干电池、锌银纽扣式电池等。（2）二次电池指可充电电池。常见的二次电池有镍氢电池、镍镉电池、铅酸（或铅蓄）电池、锂离子电池、聚合物锂离子电池等。

一次电池和二次电池的主要区别是：（1）放电方面，一次电池的自放电小，只能放电一次，不可充电循环使用；二次电池充放电循环次数可达数千次到上万次。（2）环保方面，一次电池使用后就必须废弃，不能循环利用，处理不当还会造成环境污染；二次电池可反复充电使用，提高了资源利用率。（3）内阻方面，一次电池的内阻较大，在小电流、间歇性放电的条件下，一次电池的质量比容量大于普通二次电池；二次电池的内阻较小，当放电电流大于 800 mAh 时，二次电池的放电性能高于一次电池。

锂电池属于新型储能电池，是一种二次电池，因为其优点多，正在逐步取代传统二次电池，例如铅酸电池等。锂电池最早于 1912 年被提出并研究锂金属电池。20 世纪 70 年代，开始研究锂离子电池。由于金属锂的化学性质非常活泼，使得金属锂的加工、保存、使用对环境要求非常高。所以，当时锂电池没有得到广泛应用。随着科学技术的发展，锂离子电池现在已经成为主流的二次电池，广泛应用于水力、火力、风力和太阳能电站等储能电源系统，以及加工制造、军事装备、航空航天等多个领域。

教材参考答案

1. 略。
2. 反应中，锌是还原剂，偏二甲肼是氧化产物。
3. 氧元素被氧化；氧元素被还原；H_2O_2 既是氧化剂也是还原剂。
4. 实验方案提示：

（1）在食盐溶液中加入几滴淀粉溶液，再加入食醋酸化的 84 消毒液，若溶液显蓝色，则食盐中含有碘化钾；

（2）在食盐溶液中加入几滴淀粉溶液，再加入几粒维生素 C，搅拌溶解，若溶液显蓝色，则食盐中含有碘化钾。

第二节 化学反应速率

 教材内容三析

解析·编写思路

化学反应原理属于中学化学的重要知识,化学反应速率是从速率角度认识化学反应,教材内容由浅入深,层层递进。

本节分为"化学反应速率"和"影响化学反应速率的因素"两个部分。首先,通过"情境与问题"栏目引出四大发明中的火药和造纸术,比较它们发生反应需要的时间,并提出问题。而后通过"观察与认知"栏目介绍化学实验和日常生活中常见的化学反应,如北京冬奥会开幕式的焰火、中国传统酿酒工艺等,提出问题"你了解化学变化过程进行的快慢吗?如何准确描述化学反应的快慢呢?"从而引入化学反应速率的概念:单位时间内反应物或生成物的物质的量浓度的变化。第二部分用对照实验探究影响化学反应速率的因素,教材中用硫代硫酸钠和硫酸的反应实验探究浓度和温度对化学反应速率的影响;用过氧化氢的催化分解实验探究催化剂对化学反应速率的影响。探究压强对化学反应速率的影响时,利用压强与气体浓度的关系进行分析,使学生更容易接受。本节课以实验探究的方式开展可以帮助学生更好地理解内容,让学生观察并分析实验现象,得出结论,培养学生实验能力,加深对知识的理解。最后通过"实践活动"栏目以及"思考与应用"栏目拓展内容,再通过练习达到学以致用的目的,发展现象观察与规律认知、实验探究与创新意识等化学学科核心素养。

分析·教学内容

一、地位和作用

化学反应速率是学生学习了氧化还原反应的本质之后,从化学反应速率这一视角,继续丰富对化学反应的认识。本节内容主要介绍了化学反应速率及其表示方法,探究了影响化学反应速率的因素,为后面学习化学平衡奠定基础。学生掌握了化学反应速率的知识后,能够更好地理解化学平衡的建立、化学平衡状态的特征及外界条件的改变对化学平衡的影响。

二、与核心素养之间的联系

本节内容主要分为两个部分:化学反应速率、影响化学反应速率的因素。

1. 化学反应速率

化学反应速率是衡量化学反应进行快慢的物理量,引导学生通过思考"观察与认知"栏目,思考快、慢只是粗略地描述化学反应进行的速率,如何准确地描述化学反应的快慢?引出化学反应速率的概念。能够运用化学反应速率公式进行简单计算,发展现象观察与规律认知等化学学科核心素养。

2. 影响化学反应速率的因素

在影响化学反应速率因素的实验与探究中,引导学生用控制变量法研究浓度、温度、催化剂等影响化学反应速率的因素,认识反应条件对化学反应速率的影响,运用化学反应原理分析影响化学变化的因素,初步学会运用控制变量法完成探究,发展变化观念与平衡思想等化学学科核心素养。同时,引导学生从分子、原子水平分析化学反应速率的内因和变化的本质,发展宏观辨识与微观探析等化学学科核心素养。

由于"实验与探究"栏目中 $Na_2S_2O_3$ 与 H_2SO_4 反应会产生 SO_2 等污染物,进入实验室前,要先对学生开展安全教育与环保教育,强化学生的安全意识和环保意识,通过强调在实验过程中要穿实验服,佩戴护目镜、手套、口罩等个人防护用品,培养学生认真负责、一丝不苟、谨慎细致的科研精神和自我保护的安全意识。将"绿水青山就是金山银山"的发展理念贯穿实验,在教学过程中培养学生的节约意识和环保意识。实验结束后,对产生的"三废"进行分类收集处理,增强学生的环保意识和社会责任感,发展学生实验探究与创新意识、科学态度与社会责任等化学学科核心素养。

本节内容在向学生展示化学学科魅力的同时,可以锻炼学生的思维,丰富学生的知识体系,与生活实际密切联系,有利于培养学生的探究能力、知识迁移能力及合作交流能力。

剖析·重点难点

本节的教学重点主要有化学反应速率的概念和影响化学反应速率的因素。

以在化学实验和日常生活中经常观察到的化学反应为例进行引入,建立化学反应速率的概念,并用科学严谨的语言描述化学反应速率的概念。对于化学反应速率的概念,首先应着重强调的是用单位时间内反应物或生成物的物质的量的浓度变化 Δc 而不是物质的量的变化 Δn 表示化学反应速率 v。因此在求化学反应速率时,应按 $\Delta n \rightarrow \Delta c \rightarrow v$ 的步骤来计算。其次就是用不同物质表示同一反应的化学反应速率是不同的,化学反应速率之比等于化学方程式中反应物或生成物对应的化学计量数之比;在比较同一反应在不同反应条件下化学反应速率时必须转换成用同一物质表示的化学反应速率之后再进行比较,比较不同反应的化学反应速率是没有意义的。

影响化学反应速率的因素可以使用控制变量法进行实验探究,让学生直观感受温度、浓度、催化剂对于化学反应速率的影响。

本节的教学难点主要有化学反应速率的影响因素。

化学反应速率的影响因素有温度、浓度、压强、催化剂等。

1. 在其他条件不变时，温度升高，部分普通分子吸收能量变成活化分子，活化分子的百分比增加，反应速率加快。

2. 在其他条件不变时，增大反应物浓度，单位体积内活化分子数增加，反应速率增大。需要注意的是，此因素只适用于有气体或溶液参与的反应，对于固体单质或液体单质的反应物，一般情况下其浓度是常数，因此改变它们的量不会改变化学反应速率。

3. 在其他条件不变时，增大压强，气体体积缩小，气体浓度增大，单位体积内活化分子数增加，反应速率加快。需要注意的是，压强只影响有气体参与的反应。

4. 在其他条件不变时，使用正催化剂，可以降低反应所需的活化能，活化分子百分比增加，反应速率加快。

教学实施建议

化学反应速率就是化学反应进行的快慢程度（平均化学反应速率），用单位时间内反应物或生成物的物质的量浓度的变化表示。在容积不变的反应容器中，通常用单位时间内反应物浓度的减少或生成物浓度的增加来表示。本节内容比较抽象，学生需要透过现象看本质，并知道影响化学反应的因素。可采取情境教学法、任务驱动教学法、实验探究法、讲授法等，建议采用信息化教学手段，展现大分子的结构，充分利用教材中的栏目组织学习活动，通过情境设置，任务驱动的方式，引导学生自主探究和小组合作，完成学习任务，发展化学学科核心素养。

课堂教学·讲究方法

一、关于化学反应速率的教学

通过"观察与认知"栏目激发学生思考，并提问：所介绍的化学反应的速率是快还是慢？分析实例，说明定量描述化学反应速率的必要性。化学反应速率的公式为：$v=\Delta c/t$，v 指的是某物质在某一时间段内的平均化学反应速率，而不是某一时刻的瞬时化学反应速率。以工业合成氨反应为例，说明对于同一化学反应，在相同的反应时间内，用不同的物质来表示其化学反应速率时，其数值可能不同，但这些不同的数值表示的都是同一个反应的化学反应速率。因此，表示化学反应速率时，必须指明是用反应体系中的哪种物质进行描述的。此外，对于同一个化学反应，用不同物质表示的化学反应速率之比等于反应方程式中相应物质的化学计量数之比。所以,在比较化学反应速率的快慢时,如果是用同一个反应中不同物质表示的反应速率,应按照化学计量数之比统一转化成用同一种物质表示的化学反应速率再作比较。

二、关于影响化学反应速率的因素的教学

不同的化学反应其化学反应速率不同,而相同的化学反应在不同的条件下化学反应速率也可能不同。结合"实验与探究"栏目,让学生理解浓度、温度、压强、催化剂等条件对化学反应速率的影响。

1. 对于有溶液或气体参与的反应,当其他条件相同时,增大反应物的浓度,化学反应速率加快。但对于有纯液体或纯固体参与的化学反应,由于在一定条件下,纯液体或纯固体的浓度是固定的,所以在化学反应中其浓度不改变,因此在表示化学反应速率时,不能用纯液体或纯固体表示,改变纯液体或纯固体的物质的量,也并不能改变化学反应速率。但因为固体物质的反应是在其表面进行的,故化学反应速率与其比表面积有关,当固体颗粒变小时,会增大其比表面积,加快化学反应速率。

2. 对于有气体参与的反应,增大压强,就是增大气体的浓度,化学反应速率加快。如果参加反应的物质是固体、液体或溶液(分子间的距离很小),改变压强对它们的体积影响很小,因而它们的浓度改变也很小,可以认为压强不影响其浓度,也与它们的化学反应速率无关。

3. 升高温度,可以增大化学反应速率,不论是吸热反应还是放热反应,也不论是可逆反应中的正反应还是逆反应。

4. 在其他条件相同时,使用正催化剂,化学反应速率加快。

5. 光、电磁波、超声波、溶剂等也能影响化学反应速率。

实践活动·注重策略

飞秒化学是物理化学研究领域的一支,其研究在极小的时间间隔内化学反应的过程和机理。这一领域涉及的时间间隔短至约千万亿分之一秒,即 1 fs(飞秒),这也就是"飞秒化学"名称的来源。在极小的时间间隔里,产生的飞秒激光可以用于检测分子、原子、离子的结构、组成、运动等。

"飞秒化学"是对化学反应速率知识点的拓展与延伸,通过查找资料,学生加深化学在实际生产、科研中起到的重要作用的认识,开拓视野,激发学生学习化学的热情。

建议将 4~6 名学生分为一组,以"飞秒化学"为关键词,上网查阅资料,进一步认识化学反应速率,并制作成演示文稿,在课堂上交流。注意引导学生在讨论中相互认同,合作完成演示文稿,培养学生的团队协作能力,了解现代科技的发展,发展实验探究与创新意识等化学学科核心素养。

知识拓展·善用资源

反应的加速器——催化剂

催化剂,是指在化学反应中能改变反应物化学反应速率而不改变化学平衡且本身的质量和化学性质在化学反应前后都不发生改变的物质。在工业生产中,催化剂发挥着重要的作用。如何提高催化剂的效率,从而推动工业生产的发展,是科学家们一直在探索和研究的重要课题。

目前工业生产中涉及的催化反应,大多属于多相催化反应。而多相催化反应通常在催化剂的表面发生。为了提高催化剂的效率,科学家们想到把这些催化剂"打散",让这些分散后的催化剂粒子尽可能多地接触参与反应的物质。所以,科学家就把一些金属等催化剂材料分散成纳米尺度的微小粒子,称为纳米粒子。但是,这些纳米粒子非常不稳定,温度升高,它们就会迅速抱成一团,失去催化能力。所以,科学家们就把它们一个一个地放到具有高比表面积的材料上(称为"载体"),让纳米粒子在自己的"工位"上工作。科学家把这种形式的催化剂称为"负载催化剂"。

最初,科学家们认为载体只起到了给纳米粒子提供"工位"的支撑作用,对催化反应的贡献不大。但是,随着研究的进一步发展,科学家们发现,其实这些金属纳米粒子和载体"工位"之间也常常会有相互作用。载体"工位"可以改变这些金属纳米粒子的"外貌"和"性格",从而改变它们的催化效率。而那些没有接触到载体"工位"的金属原子,其实并没有进行催化工作或者催化效率低下,从而降低了整个"催化剂团队"的工作效率。为了让催化剂更多地接触到载体,科学家试图把这些金属纳米粒子进一步分散,让金属以单个原子的形式负载于载体上,形成"单原子催化剂"。近年来,单原子催化剂迅速成为催化领域的研究前沿,在水催化、碳氧化学、储能电池、生物诊疗等方面具有研究价值。

教材参考答案

1. 可以列举钢铁腐蚀对人类生活产生危害、冰箱保存食物方便人们生活的例子。
2. 略。
3. 略。

第三节 化学平衡

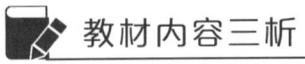

解析·编写思路

本节内容为化学平衡,分为三个知识点,依次是吸热反应和放热反应、可逆反应、化学平衡。第一个知识点介绍了化学反应过程中常伴随能量变化,使学生进一步深化对反应热的认识,为后面学习化学平衡的移动奠定基础,并让学生知道用热化学方程式可直观表示出反应中涉及的物质变化及能量变化。因为化学平衡是针对可逆反应来说的,因此将第二个知识点设置为可逆反应,为下个知识点讲解化学平衡的建立过程做好铺垫。第三个知识点重点讲解什么是化学平衡状态,并以合成氨为例,总结化学平衡状态的概念。而后依次通过实验探究浓度、压强、温度这些因素对化学平衡的影响,先以铁离子与硫氰根反应生成硫氰化铁为例探究浓度对化学平衡状态的影响,再以二氧化氮与四氧化二氮为例探究温度和压强对化学平衡状态的影响。观察实验现象,得出反应条件的变化与平衡状态发生变化的关系。

同时,教材借助"观察与认知"栏目和"情境与问题"栏目推动知识的学习,引导学生主动发现问题、探索新知、归纳总结,同时培养学生的交流合作能力,有效转变学生的学习方式,让学生成为课堂的主体。

分析·教学内容

一、地位和作用

化学平衡是指在一定条件下,可逆反应的正反应和逆反应的速率相等,反应混合物中各组分的浓度保持不变的状态。化学平衡是化学学习的难点,是其他平衡如解离平衡等平衡理论的先行概念,在平衡理论中非常重要。另外,化学反应原理在实际生产中更是具有非常重要的意义。

二、与核心素养之间的联系

本节内容主要分为两个部分:吸热反应和放热反应、化学平衡。

1. 吸热反应和放热反应

吸热反应和放热反应可以用来描述化学反应中能量的变化。引导学生归纳化学反应的特征,观察实验现象,使学生认识到物质的运动和变化是永恒的。引导学生归纳物质及其变化的共性和特征,观察实验现象,概括化学反应发生的条件、特征与规律。能理解化学反应中量变和质变的关系。运用动态平衡的观点看待和分析化学反应,发展变化观念与平衡思想、现象观察与规律认知等化学学科核心素养。

2. 化学平衡

在探究影响化学平衡的因素的实验中探究各个因素对化学平衡移动的影响。如:观察实验现象可知,温度越高,NO_2 与 N_2O_4 混合气体的颜色越深,化学平衡向吸热反应的方向移动,发展变化观念与平衡思想、实验探究与创新意识、现象观察与规律认知等化学学科核心素养。

在实践活动环节中,探讨反应条件对工业合成氨的影响,引导学生依据绿色化学思想对具体化学过程进行分析。通过了解工业合成氨的发展史,让学生感受化学家攻坚克难的勇气和勇于创新的科学精神,以及化学对人类文明的伟大贡献,培养工匠精神,并通过"化学与强盛中国"栏目——中国航天领域新成就,发展变化观念与平衡思想、科学态度与社会责任等化学学科核心素养。

剖析·重点难点

本节的教学重点主要有化学平衡的基本特征和反应条件对化学平衡的影响。

化学平衡状态具有逆、等、动、定、变、同等特征。

逆:化学平衡的研究对象是可逆反应。

等:处于密闭体系中的可逆反应,达到化学平衡状态时,正反应、逆反应速率相等,即 $v_{正}=v_{逆}$。对于同一种物质,$v_{正}=v_{逆}$;对于不同物质,$v_{A正}:v_{B逆}=a:b$,即化学反应速率之比等于对应反应物和生成物化学反应计量数之比。

动:达到化学平衡状态时,正反应和逆反应仍在进行,是动态平衡,反应进行到了该反应条件下的最大程度,即 $v_{正}=v_{逆}\neq 0$。

定:达到化学平衡状态时,反应混合物中各组分的浓度保持不变,正反应和逆反应的化学反应速率保持不变,反应物的转化率保持不变。

变:化学平衡与所有的动态平衡一样,是有条件的、暂时的、相对的,当反应条件发生变化时,化学平衡状态就会移动,直至在新的条件下建立新平衡。

同:对于一个确定的可逆反应,不管是从反应物开始反应,还是从生成物开始反应,或是从中间某个状态开始反应,只要满足各组分物质浓度相当,都能够达到相同的化学平衡状态。

本节的教学难点主要有反应条件对化学平衡的影响和勒夏特列原理。

上节讲述了反应条件对化学反应速率的影响,在学习本节内容时,学生容易把反应条件对化学平衡的影响与反应条件对化学反应速率的影响混淆。因此,应该强调反应条件对化学平衡的影响其实也是对反应速率的影响,只是对正、逆反应速率影响的程度不同才导致化学平衡向某个方向移动。

1. 浓度的影响：增大反应物浓度，正反应速率增大。对可逆反应来说，要分别从正反应和逆反应来分析反应物浓度变化对正反应速率和逆反应速率的影响。

2. 压强的影响：如果是改变气体体系的体积或是充入一种气体反应物导致压强改变，则会改变体系中的浓度或者分压，所以会改变正反应和逆反应的化学反应速率；而在气体体系体积保持不变的情况下充入一种惰性气体，则不会改变化学反应速率。

3. 温度的影响：温度升高，化学反应速率增大。对可逆反应而言，正反应速率和逆反应速率都增大，只是增大的幅度不一样。

4. 催化剂的影响：教材中提到的催化剂一般都是指正催化剂，可以加快化学反应速率。对可逆反应而言，加入催化剂后正反应速率和逆反应速率都增大，并且是同等程度的增大。

无论是反应物浓度、温度还是压强的影响，均可用化学平衡移动原理（勒夏特列原理）来解释。

教学实施建议

本节课程包括了吸热反应和放热反应、可逆反应、化学平衡等知识点，要注意它们逻辑上的关系，引导学生了解化学平衡的实质，以及化学平衡的影响因素。可采取情境教学法、任务驱动教学法、实验探究法、讲授法等，建议采用信息化教学手段，充分利用教材中的栏目组织学习活动，通过情境设置，任务驱动的方式，引导学生自主探究和小组合作，完成学习任务，发展化学学科核心素养。

课堂教学·讲究方法

一、关于吸热反应和放热反应的教学

通过演示实验让学生了解吸热反应和放热反应，感受化学反应中的能量变化。引导学生知道可以使用热化学反应方程式描述一个化学反应的过程、状态变化和能量变化，其中表示能量变化的反应热用 ΔH 表示，若为放热反应，ΔH 为"-"；若为吸热反应，ΔH 为"+"。让学生知道反应是吸热反应还是放热反应是判断温度变化对化学平衡移动影响的基础，也是从热力学角度认识化学反应、化学平衡状态、勒夏特列原理这些理论的前提，因此学生学会判断吸热反应和放热反应能为后面化学平衡移动的学习作铺垫，同时发展宏观辨识与微观探析等化学学科核心素养。

判断一个反应是吸热反应还是放热反应的方法有以下三种：

方法一：根据反应物具有的总能量与生成物具有的总能量之间的关系进行判断：若反应物具有的总能量高于生成物具有的总能量，该反应为放热反应；若反应物具有的总能量低于生成

物具有的总能量，该反应为吸热反应。

方法二：根据反应物具有的键能总和与生成物具有的键能总和的大小关系进行判断：ΔH=反应物具有的键能总和-生成物具有的键能总和。若反应物具有的键能总和大于生成物具有的键能总和，则 $\Delta H>0$，该反应为吸热反应；若反应物具有的键能总和小于生成物具有的键能总和，则 $\Delta H<0$，该反应为放热反应。这样判断的原因是化学反应的本质是反应物化学键的断裂和生成物化学键的生成，化学键的断裂需要吸收能量，化学键的生成要释放能量，若反应物具有的键能总和大于生成物具有的键能总和，说明化学键断裂需要吸收的总能量大于化学键生成需要释放的总能量，该反应即为吸热反应，反之亦然。

方法三：根据反应类型来判断。

1. 常见的放热反应：（1）金属和水或酸的反应；（2）酸碱中和反应；（3）燃烧；（4）大多数化合反应和置换反应；（5）缓慢的氧化反应（如生锈）。

2. 常见的吸热反应：（1）大多数分解反应；（2）盐类水解反应；（3）弱电解质的解离；（4）少数化合反应，例如 C 和 CO_2 的反应等。

二、关于化学平衡的教学

由于本节知识点理论性较强，内容较抽象，有一定的难度，在教学中要特别注意以下几点。

1. 在准确把握教学要求的前提下，精心设置知识台阶，化解难点

（1）浓度对化学反应速率的影响。教师可以从化学反应的本质（旧键断裂、新键形成）入手，再通过讲解分子的无规则运动，让学生认识到普通分子的无效碰撞和活化分子的无效碰撞都不能引发反应，只有活化分子的有效碰撞才能引发反应。进而通过探究单位体积中活化分子数与浓度的关系得出结论。

（2）化学平衡观点的建立。教师可以从可逆反应（合成氨反应）入手，引导学生讨论正、逆反应速率在反应开始时和反应过程中的变化趋势，以及反应到达某一时刻正、逆反应速率的情况，再通过探究该时刻反应物和生成物浓度的情况，讨论改变反应条件对化学平衡移动的影响，帮助学生建立化学平衡的观点，发展变化观念与平衡思想等化学学科核心素养。

2. 强化实验教学，改进实验教学的实施方式

在"影响化学平衡移动的因素"这一内容中，教材有三个探究实验，分别是探究反应物和生成物浓度、温度和压强对化学平衡移动的影响，教师可以让学生在实验室中以小组为单位合作进行实验，自主探究得出结论。锻炼学生的观察能力、思考能力和实验操作能力，加深对影响化学平衡移动因素的印象。教师课后可以让学生查阅以下内容的相关资料：（1）如何探究催化剂对化学平衡移动的影响？（2）化学平衡移动在生产生活的哪些领域应用广泛？拓宽学生的视野，提高学生的学习积极性。

3. 运用信息化教学手段

运用多媒体技术，将静态画面转为动态画面，增强视觉效果。如二氧化氮和四氧化二氮平

衡移动的颜色变化,正、逆反应速率与反应时间的函数图像等。

实践活动·注重策略

利用化学反应速率和化学平衡的知识探索实际工业合成氨的最佳条件,让学生巩固和发展所学知识,加强学生利用所学知识解决实际问题的能力,感受化学与社会、化学与生产之间的紧密联系,发展化学学科核心素养。

1. 分析工业合成氨的最佳条件

(1) 浓度:因为增大体系中某种反应物的浓度,能提高其他反应物的转化率并使化学平衡向生成物方向移动,故生产中常使廉价易得的原料适当过量,以提高价格较高的原料的利用率。因此工业合成氨生产中常适当增加原料中 N_2 的比例。同时,采取迅速冷却的方法,使气态氨变成液氨及时从体系中分离出去(即减小生成物浓度),以促进化学平衡不断地向着生成物的方向移动。

(2) 压强:无论从化学反应速率还是化学平衡的角度考虑,增大反应体系的压强有利于合成氨,但在实际生产中,压强不可能无限制的增大,因为压强越大,加压消耗的能量越大,对设备材料的强度和设备的制造工艺的要求也越高,会增大生产成本,降低经济效益。

(3) 温度:合成氨为放热反应,低温有利于氨的生成。但是温度越低,化学反应速率就慢,单位时间内产量低,这与工业生产追求的高产量是矛盾的。

(4) 催化剂:催化剂可以加快反应速率但不影响化学平衡,使用催化剂可以提高单位时间内氨的产量。

2. 1918年,德国化学家哈伯因为发明合成氨的方法获得诺贝尔化学奖。1931年,博施因为改进合成氨的方法获得诺贝尔化学奖。2007年,德国化学家格埃特尔发现了"哈伯—博施"法合成氨的作用机理获得诺贝尔化学奖。"哈伯—博施"法是划时代的工业供氮方法,它开辟了人类直接利用游离状态氮的途径,也开创了高压合成氨的化学方法,它不仅使大气中氮变成了生产化肥的廉价来源,而且使农业生产产生了巨大的变革。

3. 建议将4~6名学生分为一组,了解与工业合成氨相关的三项诺贝尔奖的卓越贡献,鼓励团队合作,发展变化观念与平衡思想、科学态度与社会责任等化学学科核心素养。

知识拓展·善用资源

生活中的化学平衡

1. 酒精检测仪中的化学平衡

在公路上,常能见到交警使用酒精检测仪检查司机是否酒后驾车。酒精检测仪中装有橙红色的重铬酸钾,饮酒后,人血液中乙醇含量增多,人呼出的气体中有乙醇的蒸气,遇到酒精检测仪中的重铬酸钾,便发生如下的反应:

$$Cr_2O_7^{2-}+3C_2H_5OH+8H^+ \rightleftharpoons 2Cr^{3+}+3CH_3CHO+7H_2O$$

橙红色   绿色

当橙红色的 $Cr_2O_7^{2-}$ 转化为绿色的 Cr^{3+} 时,便表示人呼出的气体中有乙醇成分,即司机可能有酒后驾车的行为。然而酒精检测仪中还要加入硫酸,是因为一方面上述反应要在酸性溶液中进行,同时 H^+ 也可防止 $Cr_2O_7^{2-}$ 转化为 CrO_4^{2-},即: $2CrO_4^{2-}+2H^+ \rightleftharpoons Cr_2O_7^{2-}+H_2O$。

2. 人体血液中的化学平衡(酸碱平衡)

人体血液的 pH 一般维持在 7.4±0.05。这一范围保证了在血液中进行的各种生化反应可以正常进行。人体新陈代谢产生的酸性物质和碱性物质会进入血液,但血液的 pH 仍会保持稳定,这是为什么? 这主要是因为血液中有两对缓冲对维持解离平衡,一对是 HCO_3^-(碱性)和 H_2CO_3(酸性)的解离平衡,另一对是 HPO_4^{2-}(碱性)和 $H_2PO_4^-$(酸性)的解离平衡。下面以 HCO_3^- 和 H_2CO_3 的解离平衡为例说明血液 pH 稳定的原因。当酸性物质进入血液时,解离平衡向生成 H_2CO_3 的方向进行,过多的 H_2CO_3 由肺部加重呼吸排出 CO_2,减少的 HCO_3^- 由肾脏调节补充,使血液中 HCO_3^- 和 H_2CO_3 仍维持正常的比值,使血液的 pH 保持稳定。当碱性物质进入血液时,解离平衡向生成 HCO_3^- 的方向移动,过多的 HCO_3^- 由肾脏吸收,同时肺部呼吸变浅,减少 CO_2 的排出,使血液的 pH 仍然保持稳定。然而,当发生肾功能障碍、肺功能衰退或腹泻、高烧时,血液中的 HCO_3^- 和 H_2CO_3 比例失调,就会造成酸中毒或碱中毒。

教材参考答案

1. 略。
2. 略。
3. 在烧煤炉的屋子里,因为氧气不充足,造成煤的不完全燃烧,生成一氧化碳,血液中血红蛋白与一氧化碳的结合能力比与氧的结合能力要强 200 多倍,而血红蛋白与氧的分离速度却很慢。所以,人一旦吸入一氧化碳,氧便失去了与血红蛋白结合的机会,使组织细胞无法从血液中获得足够的氧气,致使呼吸困难,发生一氧化碳中毒。
4. 吸氧可以增加氧气的浓度,使血红蛋白与氧结合成氧合血红蛋白(HbO_2),平衡向右移动;在机体缺氧即氧浓度低的地方,平衡向左移动,氧合血红蛋白放出氧,重新变成血红蛋白,解决机体缺氧的问题。

教学设计案例

课题名称	化学平衡第二课时
教材分析	"化学平衡"是高等教育出版社出版的《化学（加工制造类）》主题二"化学反应及其规律"第三节的教学内容。"化学平衡"这一节是在可逆反应、化学反应速率以及影响化学反应速率因素的基础上更深层次的学习。通过学习化学平衡，可以为后面学习其他平衡打下基础，有利于学生理解平衡原理，同时化学平衡是化学中的重要理论知识，通过这一内容的学习，有利于学生理解化学与生活、生产和社会的联系。最终达到解决实际问题的目的，例如如何选择最佳反应条件或是实现产率最大化的问题
学情分析	**知识与能力基础：** 学生掌握了影响化学反应速率的因素，同时已经理解了化学平衡状态、化学平衡特点等理论知识；但对学生来讲影响化学平衡移动的因素是陌生的，同时学生对化学平衡建立过程的理解也存在一些误区。 **心理特点：** 学生对化学平衡发生移动的原因充满了好奇心，他们善于发现和思考、解决问题；但对于学习难度较大或者抽象的知识有畏难情绪
教学目标	1. 通过实验探究温度、浓度、催化剂对化学平衡的影响。 2. 理解勒夏特列原理，并能对化学平衡移动情况进行分析和判断，培养学生的思维能力和知识迁移能力。 3. 通过小组实验分析化学平衡移动的过程，掌握化学平衡移动的原理，培养动手实践能力和观察力
核心素养	1. 运用动态平衡的观点看待和分析可逆反应，发展变化观念与平衡思想等化学学科核心素养。 2. 通过动手实验以及对于实验现象的观察和实验结果的总结，发展实验探究与创新意识、现象观察与规律认知等化学学科核心素养
教学重点	影响化学平衡移动的因素
教学难点	影响化学平衡移动的因素及勒夏特列原理
教学方法	教法：情境教学法、任务驱动法； 学法：实验探究法、合作学习法

续表

	教学环节	教师活动	学生活动	设计意图
课前	课前准备	1. 课前分组（做到组间同质、组内异质）。 2. 准备实验及导学案；发布在线预习检测	1. 回顾前面所学化学反应速率及其影响因素。 2. 了解化学家勒夏特列。 3. 预习新课，完成课前预习检测	课前回顾所学知识有利于学生更好地进入本节课的学习；通过课前预习热身，熟悉本节课的学习内容。教师通过在线检测，了解学生的预习情况，以便于调整教学策略
课中	环节一 新课引入	【情境引入】 医院是如何抢救煤气中毒（CO 中毒）的患者的？ 【提问】 北方冬季烧煤供暖时，经常会发生煤气中毒现象，如何从化学角度分析这一现象？ 【展示讲解】 动图展示 CO 与血红蛋白作用的原理 $Hb+CO \rightleftharpoons HbCO$ 【提问引导】 问：为什么治疗煤气中毒患者需要输入大量氧气？ 引导：化学平衡状态的特征有哪些？	【思考】 结合生活常识，分析煤气中毒的原因。 【小组讨论】 当人体吸入较多 CO 时，就会引起 CO 中毒，这是由于 CO 与血液中的血红蛋白结合的能力比 O_2 强，所以 CO 抑制了血红蛋白与 O_2 的结合。 【思考并回答】 回答：逆、等、定、动、变、同	引导学生思考为什么输入大量氧气可以治疗煤气中毒，为学习化学平衡移动做好铺垫，并引导学生回忆上节课化学平衡的知识，为本节课顺利展开做好准备
	环节二 实验探究：温度对平衡移动的影响	【播放视频】 播放实验视频，引导学生观察实验现象。 $2NO_2(g) \rightleftharpoons N_2O_4(g)$ 【微观解析】 播放 NO_2 转化为 N_2O_4 的微观动画，引导学生从化学反应速率的角度分析平衡移动	【观察记录】 观察、记录并分析实验现象。 【得出结论】 1. 温水中的烧瓶颜色加深。 2. 冰水中的烧瓶颜色变浅，观察、理解化学平衡建立的过程	使用明显的实验现象调动学生的视觉，引导其思考并突破化学平衡建立过程的难点，使学生真正理解这一过程，锻炼学生的思维能力和运用已有知识构建新知识的能力

续表

教学环节	教师活动	学生活动	设计意图
课中	环节三 实验探究：浓度对平衡移动的影响	【引导】 引导学生分组实验，观察每个小组的实验操作，倾听学生总结实验现象。 $FeCl_3+3KSCN \rightleftharpoons Fe(SCN)_3+3KCl$ 　　　　　　　　　　血红色 【提问】 反应物浓度是如何影响化学平衡移动的呢？	【分组实验】 奇数组：滴加 0.1 mol/L $FeCl_3$ 溶液； 偶数组：滴加 0.1 mol/L KSCN 溶液。 【汇报与分析】 实验现象： 1. 奇数组实验现象是溶液颜色加深； 2. 偶数组实验现象是溶液颜色加深。 【实验结论】 增加反应物浓度化学平衡正向移动	通过让学生参与实验，培养学生的实验操作能力、小组合作能力。让学生加深浓度对化学平衡移动影响的理解，对比理解反应物和生成物浓度对化学平衡移动影响的差异性
	环节四 实验探究：压强对平衡移动的影响	【引导】 安排学生进行分组实验，观察每个小组的实验操作，指出不足之处。 为什么推注射器时，管内气体颜色先变深？ 为什么拉注射器时，管内气体颜色先变浅？ 压强是如何影响化学平衡移动的呢？	【观察实验现象】 实验现象： 推注射器时，管内气体颜色先变深，再变浅。 拉注射器时，管内气体颜色先变浅，再变深。 【实验结论】 增大压强，化学平衡向气体体积减小的方向移动； 减小压强，化学平衡向气体体积增大的方向移动	通过控制变量法探究压强对化学平衡移动的影响，进一步建立平衡思想，培养学生观察实验现象和分析问题的能力
	环节五 理论分析：催化剂对平衡移动的影响	【引导】 引导学生回忆催化剂对化学反应速率的影响，启发学生思考催化剂对化学平衡的影响	【思考并回答】 学生回忆并描述：催化剂可以同等程度地改变正反应和逆反应的化学反应速率，因而不影响平衡移动	培养学生的思辨能力，以及运用知识解决问题的能力

续表

教学环节		教师活动	学生活动	设计意图
课中	环节六 拓展应用	【讲述】讲述哈伯发明工业合成氨方法的历史,以及这一发现带来的影响 【介绍】勒夏特列原理 【提问】在工业合成氨的生产过程中,为尽可能多地得到反应产物,应该如何控制条件? 引导学生结合化学反应速率和化学平衡两方面因素进行思考	【听讲、思考】思考化学给人类带来的影响。 工业合成氨的生产过程中,为尽可能多地得到反应产物,应适当增加反应物浓度、增大压强、降低温度	通过知识迁移、举一反三使学生理解反应条件对于化学平衡的影响,渗透化学史的教育
课后	课后提升	引导学生走进生活,走入社会	作业一:完成课后练习,对于课堂中所学的知识进一步消化吸收。存在的问题可反馈至网络平台。 作业二:以小组为单位查找资料,了解工业合成氨在实际生产过程中的具体的条件	进行知识迁移,使学生不拘泥于课堂所学,利用课后时间进行实践,学以致用,提高学生的成就感和社会责任感

教学评价:

1. 通过课前检测、课堂练习和课后作业全过程检验评价学生的学习成果。
2. 通过实验任务评价学生的实验操作情况。
3. 通过小组合作,实验探究,发展化学学科核心素养。

教学反思:

本节教学设计通过复习巩固提供知识支持,而后通过实验探究、合作讨论、理论分析等教学环节启发并引导学生思考,并加以总结概括,得出结论。课堂教学中注重学生的主体性地位,学习效果良好。

教学评价反思

通过本主题教学,您有哪些收获和不足,请填入表中。

节	重点、难点把握	核心素养培育	学生积极性调动	教学设计亮点	信息化手段应用	教学效果	其他
氧化还原反应							
化学反应速率							
化学平衡							

主题三

溶液与水溶液中的离子反应

课程标准要求

节	内容要求	学时分配建议（共9学时）
溶液组成的表示方法	了解物质的量和摩尔质量的概念，了解溶液组成的表示方法及相关计算，学会一定物质的量浓度溶液的配制方法	2
弱电解质的解离平衡	了解电解质的解离和弱电解质的解离平衡，知道弱电解质水溶液的组成，能从化学平衡的角度认识影响弱电解质解离平衡的因素	2
水的离子积和溶液的pH	认识水的解离，了解水的离子积常数；认识溶液的酸碱性与pH的关系，掌握用试纸测定溶液pH的方法；知道溶液pH的调控在工农业生产和科学研究中的应用	1
离子反应和离子方程式	认识离子反应及其发生条件，了解离子方程式的书写方法	2
盐的水解	认识强酸弱碱盐和强碱弱酸盐水解的原理，了解可溶性盐水解的实质和规律，知道影响盐类水解的主要因素	1
学生实验：溶液的配制、稀释和pH的测定	通过实验，掌握一定物质的量浓度溶液配制、稀释和pH测定的方法，养成细心观察、主动探索的学习态度和规范操作、精益求精的实验习惯。发展现象观察与规律认知、科学态度与社会责任等化学学科核心素养	1

第一节 溶液组成的表示方法

教材内容三析

解析·编写思路

本节教材以"物质的量""摩尔质量""物质的量浓度"等基本概念为主线进行编写。物质的量的概念是中职化学学习的基础,它既可以帮助学生从微观层面深入认识物质,建立物质的宏观质量与微观粒子的数量之间的联系;同时物质的量等概念在化学计算中具有非常重要的作用,能体现定量研究的方法对学习化学的重要性。本节内容实质上是引导学生以化学的眼光、从微观的角度去认识和研究化学世界。

教材从"我国空间站中,航天员的尿液经过处理,符合饮用水卫生标准,可直接饮用"出发创设情境,展示我国的航天成就,激发学生的民族自豪感,同时让学生抱着好奇心和探究欲进入"溶液组成的表示方法"的学习。教材通过"观察与认知"栏目,引导学生从国际单位制 7 个基本物理量中找到"$N_A \rightarrow mol$",进行思考质疑、自主探索,初步了解"物质的量"这一基本概念的意义和作用,让学生意识到物质的量正是联系微观粒子和宏观物质的纽带。然后介绍物质的量及其单位,物质的量与物质的粒子数之间的关系。教材以铝、硫、水、亚硫酸钠等实际物质为例,总结物质的摩尔质量和该物质的相对质量的区别和联系,有利于学生对摩尔质量概念的理解。教材在"拓展延伸"栏目介绍了气体摩尔体积和阿伏加德罗定律。教材提出了物质的量浓度的概念,以及一定物质的量浓度溶液的稀释、一定物质的量浓度溶液的配制,让学生体会一定物质的量浓度溶液的配制是溶液的定量分析的基础,同时在溶液配制的过程中培养学生严谨的科学态度,发展宏观辨识与微观探析、现象观察与规律认知、科学态度与社会责任等化学学科核心思想。

分析·教学内容

一、地位和作用

本节教材中以"物质的量"为核心的相关基本概念是联系宏观与微观的桥梁,属于"工具性"的概念,贯穿于整个中职化学学习的始终。教材在系统学习无机化合物和有机化合物前安排学习物质的量是有重要意义的,为定量认识化学组成和物质变化提供了新的视角。

二、与核心素养之间的联系

本节内容主要分为两个部分:物质的量和物质的量浓度。

1. 物质的量

本部分主要有三大核心概念:物质的量、阿伏加德罗常数、摩尔质量。这三个物理量中物质的量(n)为桥梁,构建起阿伏加德罗常数(N_A)与粒子数目(N)、物质的质量(m)与物质的摩尔质量(M)的关系:$n=\dfrac{N}{N_A}=\dfrac{m}{M}$。

通过观察和分析国际单位制中的7个基本物理量,列举生活实例,建构物质的量的相关概念,建立宏观到微观的认知模型,发展宏观辨识与微观探析、现象观察与规律认知等化学学科核心素养。

2. 物质的量浓度

本部分主要有两个内容:物质的量浓度和一定物质的量浓度的溶液的配制。溶质的物质的量(n)、物质的量浓度(c)、溶液的体积(V)之间的关系可表示为:$n=cV$。一定物质的量浓度的溶液的配制是溶液定量分析的基础。

通过配制 100 mL 0.5 mol/L NaCl 溶液,使学生掌握配制和稀释溶液的计算及操作方法,发展科学态度与社会责任等化学学科核心素养。

剖析·重点难点

本节的教学重点主要有物质的量、摩尔质量、阿伏加德罗常数、物质的量浓度的概念以及它们之间的关系(图3-1-1),一定物质的量浓度溶液的配制。

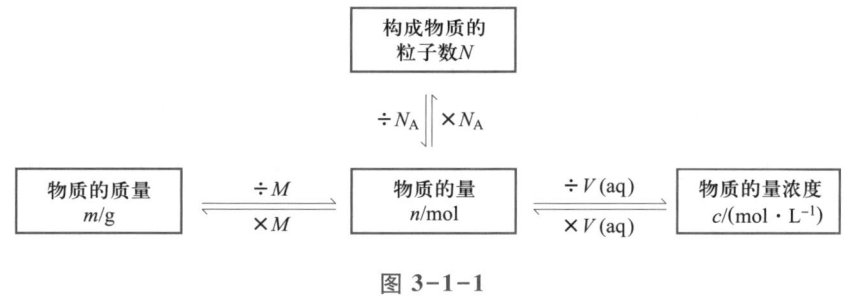

图 3-1-1

一定物质的量浓度溶液的配制是继初中学习了一定溶质质量分数溶液的配制和本节物质的量浓度概念之后引入的一个新的定量实验,规范实验操作及进行误差分析有助于学生养成严谨的学习习惯,为以后的实验和学习打下良好的基础,而且物质的量浓度在中职化学中应用非常广泛,所以本知识点在整个中职化学学习中占有举足轻重的地位。

本节的教学难点主要有物质的量的概念及其单位。

物质的量是用来描述物质所含粒子数目多少的物理量,是将可称量的宏观物质的质量与组成它的微观粒子——分子、原子或离子的数目联系起来的桥梁。物质的量的单位是 mol(摩[尔])。在使用物质的量时,基本单元应予以指明,可以是原子、分子、离子、电子及其他粒子,或这些粒子的特定组合。

教学实施建议

物质的量是国际单位制中 7 个基本物理量之一,化学定量分析常涉及溶液的配制和溶液浓度的计算,在进行有化学反应的定量分析时,用物质的量浓度来表示溶液的组成更为方便。注意引导学生进行物质的量、粒子数、物质的量浓度的计算等,可采取演示法、情境教学法、任务驱动教学法、实验探究法、讲授法等,建议采用信息化教学手段,充分利用"观察与认知"等栏目组织学习活动,通过情境设置,任务驱动的方式,引导学生自主探究和小组合作,完成学习任务,发展化学学科核心素养。

课堂教学·讲究方法

一、关于物质的量的教学

以教材中的"观察与认知"栏目为出发点,通过观察"国际单位制几个基本单位的新定义",引出物质的量的概念。可以用类比学习的方法,引导学生把新引进的物理量与生活中熟悉的物理量如时间、质量、长度及其单位放在一起进行类比,消除学生对新概念的陌生感。再以一盒大头针、几斤大米举例,让学生感受外观较小的物品,以"集体"来计量比较方便,为学生构建微观粒子的集合——物质的量的概念做好铺垫。

"物质的量"的概念比较抽象,教师不必过于关注概念的剖析而应当重在引导学生简单应用。让学生在粒子个数与物质的量、物质的质量之间的相互换算中逐渐强化对物质的量概念的理解。教学中,应始终以落实立德树人根本任务为宗旨,把发展化学学科核心素养放在首位,着力引导学生积极参与、主动思考。

二、关于物质的量浓度的教学

本知识点的引入可以用"以旧带新"的方式,首先复习初中化学中有关溶液组成和溶液中溶质质量分数的知识,指出这只是表示溶液组成的一种方法,从而引出新课:另一种常用的表示溶液组成的物理量——物质的量浓度。

围绕物质的量浓度,教师可以组织学生讨论:溶液中溶质的质量分数的定义是什么?使用时有什么不便之处?溶质的量用溶质的物质的量表示有哪些便利之处?使学生了解引入物质的量浓度的重要性和必要性。

教学中，教师需要引导学生加深理解物质的量浓度的概念，避免出现常见的错误。物质的量浓度是指在 1 L 溶液中所含溶质的物质的量，而不是 1 L 溶剂中所含溶质的物质的量。帮助学生认识物质的量浓度的强度性质，即不论从一定物质的量浓度的溶液中取出多少溶液，溶液中溶质的物质的量浓度是不变的，就像从同一壶糖水倒出的两杯糖水一样甜。帮助学生正确地认识物质的量和物质的量浓度这两个概念的联系和区别。

关于物质的量浓度的计算要立足于有关概念，要从概念出发分析解题思路。除教材例题的计算类型外，其他类型的计算不宜过早涉及。通过具体的例题进行有关计算的教学时，要注意归纳方法，如：溶液加水稀释，稀释前后溶质的物质的量相等，有 $n(浓) = n(稀)$，即 $c_1 V_1 = c_2 V_2$。

关于一定物质的量浓度溶液的配制，可以根据学校的条件采用边讲边实验的方法，边实验边总结配制溶液的步骤。在演示配制一定物质的量浓度的溶液的实验之前，首先应向学生详细地介绍容量瓶的规格、使用方法和使用时应先检漏等注意事项。例如，容量瓶上标有"250 mL, 20 ℃"，它的含义是：容量瓶的容积为 250 mL，是在 20 ℃ 时标定的。

厘清以上问题，帮助学生明确不能配制任意体积的一定物质的量浓度的溶液，因为配制溶液是用容量瓶进行定容的，而容量瓶是有固定规格的，所以只能配制体积与容量瓶容积相同的一定物质的量浓度的溶液。不能直接将溶质放入容量瓶中进行溶解，或将热的溶液转移到容量瓶中的原因是绝大多数物质溶解时，都会伴随着吸热或放热现象，引起温度的升降，从而影响冷却后溶液的体积，使所配制的溶液的物质的量浓度不准确。可以使用多媒体教学手段辅助教师演示，增加课堂教学效率。

在教学和学生实践中，应注重培养学生的动手能力、创造能力和分析问题、解决问题的能力，发展学生科学态度与社会责任等化学学科核心素养。

知识拓展·善用资源

一、新国际单位制

2018 年，第 26 届国际计量大会通过了关于修订国际单位制的决议。自 2019 年 5 月 20 日起，国际单位制的 7 个基本单位已经采用表 3-1-1 所示的定义：

表 3-1-1

国际单位制基本单位	新修订中文定义
秒	国际单位制中的时间单位，符号 s。当铯频率 $\Delta\nu_{Cs}$，即铯 133 原子不受干扰的基态超精细跃迁频率，以单位 Hz 即 s^{-1} 表示时，取其固定数值为 9 192 631 770 来定义秒

续表

国际单位制基本单位	新修订中文定义
米	国际单位制中的长度单位,符号 m。当真空中光速 c 以单位 m/s 表示时,取其固定数值为 299 792 458 来定义米,其中秒用 $\Delta\nu_{Cs}$ 定义
千克	国际单位制中的质量单位,符号 kg。当普朗克常数 h 以单位 J·s 即 $kg·m^2·s^{-1}$ 表示时,取其固定数值为 $6.626\,070\,15\times10^{-34}$ 来定义千克,其中米和秒用 c 和 $\Delta\nu_{Cs}$ 定义
安培	国际单位制中的电流单位,符号 A。当基本电荷 e 以单位 C 即 A·s 表示时,取其固定数值为 $1.602\,176\,634\times10^{-19}$ 来定义安培,其中秒用 $\Delta\nu_{Cs}$ 定义
开尔文	国际单位制中的热力学温度单位,符号 K。当玻尔兹曼常数 k 以单位 $J·K^{-1}$ 即 $kg·m^2·s^{-2}·K^{-1}$ 表示时,取其固定数值为 $1.380\,649\times10^{-23}$ 来定义开尔文,其中千克、米和秒用 h,c 和 $\Delta\nu_{Cs}$ 定义
摩尔	国际单位制中的物质的量的单位,符号 mol。1mol 精确包含 $6.022\,140\,76\times10^{23}$ 个基本单元。该数称为阿伏加德罗数,为以单位 mol^{-1} 表示的阿伏加德罗常数 N_A 的固定数值。一个系统的物质的量,符号 n,是该系统包含的特定基本单元数的量度。基本单元可以是原子、分子、离子、电子、其他任意粒子或粒子的特定组合
坎德拉	国际单位制中的沿指定方向发光强度单位,符号 cd。当频率为 540×10^{12} Hz 的单色辐射的光视效能 K_{cd} 以单位 $lm·W^{-1}$ 即 $cd·sr·W^{-1}$ 或 $cd·sr·kg^{-1}·m^{-2}·s^3$ 表示时,取其固定数值为 683 来定义坎德拉,其中千克、米、秒分别用 h,c 和 $\Delta\nu_{Cs}$ 定义

二、阿伏加德罗定律

1811 年,意大利物理学家阿伏加德罗在化学中引入了分子概念,提出了阿伏加德罗假说:同温同压下,相同体积的任何气体都含有相同数目的分子。

例如,1 体积氢气和 1 体积氯气化合,之所以生成 2 体积氯化氢,是由于 1 个氢分子是由 2 个氢原子构成的,1 个氯分子是由 2 个氯原子构成的,它们发生化合反应就生成了 2 体积的氯化氢。

阿伏加德罗假说确定了气体分子含有的原子数目,开辟了一条确定分子量和原子量的新途径。但是这个假设在当时没有得到公认。

直到 19 世纪 60 年代,由于意大利化学家坎尼扎罗的工作,分子假说观点很快在众多化学家中得到传播,阿伏加德罗假说才得到公认。现在,阿伏加德罗假说已经被物理学和化学中的许多事实所证实。它有几个重要的推论:

1. 同温同压下,相同体积的任何气体的质量比等于它们的分子量之比。
2. 同温同压下,任何气体的体积比等于它们的物质的量之比。
3. 同温同压下,相同质量的任何气体的体积比等于它们的分子量的反比。
4. 同温同压下,任何气体的密度比等于它们的分子量之比。

5. 恒温恒容下,气体的压强比等于它们的物质的量之比。

教材参考答案

1. 95 mL。
2. (1) 0.02 mol；
   (2) 1 mol/L。
3. SO_3^{2-} 的浓度:0.02 mol/L；$S_2O_3^{2-}$ 的浓度:0.01 mol/L。

第二节 弱电解质的解离平衡

教材内容三析

解析·编写思路

解离平衡是化学平衡知识的拓展和深化,在中职化学教学中占有重要地位。本节内容共包括两个部分。在第一部分"强电解质与弱电解质"中,教材利用"观察与认知"栏目,从学生熟知的酸、碱、盐入手,通过等体积、等物质的量浓度的盐酸溶液、醋酸溶液、氢氧化钠溶液、氯化钠溶液和氨水的导电能力的对比实验,让学生认识到溶液导电的原因以及强电解质和弱电解质解离程度的差别。引导学生在实验中学习实验方案的设计思路和方法,并以此实验结果为依据,理解强、弱电解质的概念。

在第二部分"弱电解质的解离平衡"中,教材利用"观察与认知"栏目,通过观察向氨水与酚酞试液的混合溶液中加入氯化铵固体、稀硫酸溶液以及氢氧化钠溶液前后混合溶液颜色的变化,引导学生运用化学平衡理论分析和解决问题,使学生认识到弱电解质在水溶液中存在着解离平衡,进而讨论解离平衡的平衡状态、解离常数,并依据弱电解质的解离常数判断其相对强弱,从而促使学生从定量角度理解电解质的相对强弱。

在教材的编写过程中,考虑到本节内容比较抽象,编者主要从以下两个方面着手促进学生的理解:

1. 通过直观的示意图展示微观过程。例如,教材图3-2-2、图3-2-3和图3-2-4分别展示了电解质解离以及盐酸和醋酸的解离,学生进行比较可以发现盐酸和醋酸解离的主要差别,盐酸在水中是完全解离的,而醋酸在水中只有部分解离。同时还增强了学生对弱电解质解离过程的理解,明白强弱电解质的区别。

2. 充分发挥化学平衡理论对解离平衡学习的促进作用。教材明确写道:"与化学平衡类似,解离平衡也是一种动态平衡。化学平衡移动原理也适用于解离平衡。"引导学生运用化学平衡原理分析解离平衡过程,促使学生认识到解离平衡是一种特殊的化学平衡,加深对解离平衡本质的理解。

分析·教学内容

一、地位和作用

本节教材在溶液与水溶液中的离子反应的学习中起到承前启后的作用,弱电解质的解离平衡既是对教材主题二"化学反应及其规律"中化学平衡理论的应用、延伸和拓展，又为学习水的解离、盐类水解等知识做好铺垫，体现了平衡思想的重要作用。

二、与核心素养之间的联系

本节内容主要分为两个部分：强电解质和弱电解质、弱电解质的解离平衡。

1. 强电解质和弱电解质

通过探究等体积、等物质的量浓度的盐酸溶液、醋酸溶液、氢氧化钠溶液、氯化钠溶液和氨水的导电性，让学生认识到溶液能够导电的原因以及强电解质和弱电解质解离程度的差别。通过观察盐酸、醋酸的解离示意图，认识强、弱电解质的解离的主要区别，从而从本质上理解强、弱电解质。发展学生现象观察与规律认知、变化观念与平衡思想等化学学科核心素养。

2. 弱电解质的解离平衡

弱电解质溶于水时，部分解离出的阳离子和阴离子在溶液中互相碰撞，又重新结合成弱电解质分子。当解离进行到一定程度时，弱电解质分子解离成离子的速率与离子互相碰撞重新结合成分子的速率相等，即达到解离平衡状态。解离平衡是一种特殊的化学平衡，化学平衡移动的原理同样适用。发展学生变化观念与平衡思想等化学学科核心素养。

通过观察向氨水与酚酞试液混合溶液中加入氯化铵固体、稀硫酸溶液以及氢氧化钠溶液前后混合溶液颜色的变化，引导学生运用化学平衡理论分析和解决问题，发展学生实验探究与创新意识、变化观念与平衡思想等化学学科核心素养。

剖析·重点难点

本节的教学重点主要有强电解质和弱电解质的区分、弱电解质的解离平衡。

强电解质和弱电解质的本质区别是在水溶液中的解离程度。在教学中需要厘清以下问题：强电解质溶液的导电能力不一定强、难溶化合物不一定是弱电解质、强电解质溶液的导电能力不一定强于弱电解质溶液，溶解度大的物质也不一定是强电解质等。区分强、弱电解质的关键是看化合物在水溶液中或熔融状态下是否完全解离，而不是看水溶液导电能力的强弱，也不是看化合物在水中溶解性的大小。还可以从化合物类型的角度将强、弱电解质进行区分，强电解质包括强酸、强碱、绝大多数盐、活泼金属氧化物；弱电解质包括弱酸、弱碱、水、极少数盐。

弱电解质在水溶液中只有部分解离，溶液中既存在解离出的离子，也存在未解离的分子。在水分子作用下，部分醋酸分子解离成醋酸根离子和氢离子，同时部分解离出的醋酸根离子和氢离子又结合成醋酸分子。起初醋酸分子解离的速率大于离子结合成分子的速率，溶液中的醋酸分子的浓度逐渐减小，醋酸根离子和氢离子的浓度逐渐增大。随着醋酸分子浓度的减小，其解离的速率也逐渐减小,醋酸根离子和氢离子结合的速率随浓度升高逐渐增大。当醋酸分子的解离速率和醋酸根离子、氢离子的结合速率相等时,解离过程达到平衡状态,此时溶液中各分子和离子的浓度不再变化。教学中应注重化学平衡知识对解离平衡知识的同化作用,注重发展学生变化观念与平衡思想等化学学科核心素养。弱电解质的解离平衡也是本节的教学难点。

解离平衡是动态平衡,条件改变时,解离平衡可能发生移动。教学中要引导学生从化学平衡的知识出发寻找可能影响解离平衡的因素,找出温度、溶液中相关粒子的浓度的变化对平衡的影响,发展化学学科核心素养。

教学实施建议

教师应将教材内容融会贯通,在充分理解教材编写思路的基础上合理地进行教学设计。教学中应当注意指导学生的学习方法,一方面注意理论依据对新知识的指导作用,另一方面注意本节的学习方法对学习本主题第三、第五节有很强的指导作用。教师应充分利用教材中的栏目组织学习活动,通过情境设置,任务驱动的方式,引导学生自主探究和小组合作,完成学习任务,发展化学学科核心素养。

课堂教学·讲究方法

一、关于强电解质与弱电解质的教学

教师在进行"强电解质与弱电解质"的教学时,可以先带领学生复习电解质的有关知识,再进行测定等体积、等浓度的不同电解质溶液导电性的实验。从溶液导电能力强弱的判断依据入手阐述强、弱电解质的定义和区分强、弱电解质的方法。对于区分强、弱电解质,可以引导学生从化合物分类的角度进行理解。教学中建议将常见的化合物,如酸、碱、盐、氧化物等与强、弱电解质建立联系。

二、关于弱电解质的解离平衡的教学

本知识点的教学可以将化学平衡的建立及移动的知识作为新知识学习的同化点,让学生充分利用原有的认知结构,构建新的认知结构,再创设具体的问题情境,如解离平衡的建立,以演绎的方式,引导学生主动探究。

在进行"弱电解质的解离平衡"的教学时,可以利用多媒体手段展示醋酸溶于水时的解离过程。先从弱电解质溶液中既存在弱电解质分子又存在其解离出的离子这一事实出发,对弱电解质(如醋酸)溶于水时各微粒的变化情况展开讨论,指导学生依据已学内容推测平衡过程。教师可以指出当弱电解质分子的解离速率等于离子重新结合成分子的速率时,解离就达到了平衡状态。以醋酸的解离平衡为例,引导学生将解离平衡与化学平衡的特征相类比,归纳出解离平衡的特征:解离平衡是动态平衡;处于解离平衡状态时,溶液中分子和离子的浓度保持不变;解离平衡是相对的、暂时的,当外界条件改变时,平衡就会发生移动。对于弱电解质解离平衡的影响因素,虽然教材中没有具体要求,但在教学中可以依据化学平衡移动原理让学生结合教材的"观察与认知"栏目进行讨论,在探究中学习。

知识拓展·善用资源

一、盐类一定是强电解质吗

大多数盐由离子键构成,在水的作用下能完全解离,因而是强电解质。少数盐有形成共价键的倾向,且极性较弱,因而解离度很小,属于弱电解质。例如,氯化汞虽然是由离子构成的,但是 Hg^{2+} 容易被阴离子极化,而 Cl^- 又是极化能力较强的阴离子,由于阳、阴离子间的相互极化作用,电子云产生较大变形,使它们之间形成的键更接近于共价键,且极性极弱,在水中难解离。实验表明,$HgCl_2$ 的水溶液几乎不导电,即使在很稀的溶液中,$HgCl_2$ 的解离程度也不超过 0.5%。这说明 $HgCl_2$ 在溶液里主要是以分子形式存在的,只有少量 $HgCl^+$、Hg^{2+} 和 Cl^- 存在。

二、强电解质溶液的导电能力一定强吗

有些学生认为,强电解质溶液的导电能力一定强,弱电解质溶液的导电能力一定弱。这种想法是错误的,因为决定溶液导电能力的是溶液中离子浓度以及单个离子所带的电荷数。

有些离子化合物,如 $BaSO_4$、CaF_2 等,尽管它们溶于水时可以完全解离,但由于它们的溶解度很小,在水中解离出来的离子浓度很小,因而它们的水溶液导电能力很弱。

同样,对于电解质溶液来说,并不一定是浓度越大,导电能力就越强。例如,对于硫酸来说,稀硫酸中硫酸分子在水的作用下完全解离,因而导电能力较强,且随着硫酸浓度的增大,导电性逐渐增强。但当溶液中硫酸浓度增大到一定程度后,由于水分子的大量减少,硫酸分子的解离程度反而呈下降趋势,离子浓度也随之降低,导电能力逐渐减弱。

三、温度、浓度与解离常数的关系

解离常数(K)和化学平衡常数一样,在一定的温度下是常数,与浓度无关。一定浓度的同一弱电解质溶液在不同温度下,它的解离常数随着温度的变化而变化,但是变化的幅度不大,一般不会有数量级的改变。因此,在室温范围内,可以不考虑温度对解离常数的影响。表 3-2-1 和表 3-2-2 可以说明上述观点。

表 3-2-1 不同浓度醋酸溶液的解离度和解离常数(25 ℃)

溶液浓度/mol·L^{-1}	0.2	0.1	0.02	0.001
解离度/%	0.932	1.32	2.96	13.3
解离常数 K	1.74×10^{-5}	1.75×10^{-5}	1.75×10^{-5}	1.76×10^{-5}

表 3-2-2　醋酸溶液在不同温度下的解离常数

温度/℃	10	20	30	40	50	60
解离常数 K	1.729×10^{-5}	1.753×10^{-5}	1.750×10^{-5}	1.703×10^{-5}	1.633×10^{-5}	1.524×10^{-5}

教材参考答案

1. （1）方案甲：烧杯、玻璃棒、胶头滴管、100 mL 容量瓶；

   方案乙：量筒、烧杯、玻璃棒、胶头滴管、100 mL 容量瓶；

   操作流程图略。

   （2）方案甲较好；方案乙的主要问题是配制 pH = 1 的 HA 溶液较难实现。方案乙利用稀释已知物质的量浓度的浓溶液来配制 pH = 1 的溶液，因为弱酸溶液存在解离平衡，在稀释的过程中平衡发生移动，故不能精确配制 pH = 1 的 HA 溶液。

   （3）方案：配制物质的量浓度均为 0.1 mol/L 的盐酸和 HA 溶液，比较溶液的导电性。

   现象：通过电流计显示的盐酸溶液的电流强度大于 HA 溶液的电流强度。

   原理：电解质溶液的导电能力与溶液中自由移动的离子的浓度及离子所带的电荷有关。因为 HA 和 HCl 都是一元酸，盐酸溶液的电流强度大于 HA 溶液的电流强度，说明盐酸溶液中离子浓度大，HA 溶液中离子浓度小，由此可确定 HA 是弱电解质。

   （此方案仅供参考，其他合理方案均可）

2. （1）$HCl === H^+ + Cl^-$；

   （2）$H_2SO_4 === 2H^+ + SO_4^{2-}$；

   （3）$Na_2CO_3 === 2Na^+ + CO_3^{2-}$；

   （4）$KOH === K^+ + OH^-$。

第三节 水的离子积和溶液的 pH

教材内容三析

解析·编写思路

在弱电解质解离平衡的基础上,本节教材介绍了水的离子积及溶液的酸碱性和 pH。本节教材主要包括两个部分。在第一部分"水的离子积"中,教材通过描述纯水的导电性实验引导学生感知水的导电能力的强弱,明白水是一种特殊的弱电解质,引导学生根据解离平衡常数推导出水的离子积常数,从而促使学生从定量的角度进一步理解水是一种极弱的电解质。学习水的解离及离子积常数,对学生了解溶液的酸碱性以及 pH 具有重要意义,也为盐类的水解等知识的教学奠定了重要的基础。

在第二部分"溶液的酸碱性和 pH"中,教材主要介绍了溶液的酸碱性与溶液中氢离子浓度和氢氧根离子浓度的关系、pH 的概念、pH 与溶液酸碱性的关系以及常用的测量溶液酸碱性的方法。在教材编写的过程中,编者特别注意结合学生已经掌握的水的解离平衡及解离平衡移动的知识,让学生在运用这两类知识分析问题的过程中逐步实现对新知识的掌握。教材在总结出溶液中氢离子浓度及氢氧根离子浓度与溶液酸碱性的关系之后,引出用 pH 表示溶液的酸碱性的必要性。让学生通过 pH 与溶液中氢离子浓度及氢氧根浓度关系的运算,总结出溶液的 pH 与酸碱性强弱的关系。在本主题最后教材设置了三个相关实验:一定物质的量浓度溶液的配制、溶液的稀释、溶液 pH 的测定,加深学生对所学知识的理解与应用,发展现象观察与规律认知、科学态度与社会责任等化学学科核心素养。

在工农业生产及生活中,控制溶液的酸碱性十分重要,因此,有必要使学生掌握测定溶液酸碱性的方法,教材简单介绍了使用酸碱指示剂、pH 试纸以及 pH 计三种方法测定溶液的酸碱性。以理论学习为基础,教材通过"实践活动"栏目进一步促进知识内化和升华,让学生感受到知识来源于生活又应用于生活,增强学生的环保意识,发展科学态度与社会责任等化学学科核心素养。

分析·教学内容

一、地位和作用

本节教材介绍了水的离子积及溶液的酸碱性和 pH,水的解离及离子积常数是对上节知识

"弱电解质的解离平衡"的深化和应用,有助于学生更好地理解弱电解质的解离平衡,同时对学生了解溶液的酸碱性以及 pH 具有重要意义,也为盐类的水解等知识的教学奠定了重要的基础。

二、与核心素养之间的联系

本节内容主要分为两个部分:水的离子积以及溶液的酸碱性和 pH。

1. 水的离子积

通过水的导电性实验,引导学生理解水是一种弱电解质,将弱电解质的解离平衡与水的解离结合起来,发挥弱电解质的解离平衡常数对水的离子积常数的同化作用,发展宏观辨识与微观探析、现象观察与规律认知等化学学科核心素养。

2. 溶液的酸碱性和 pH

教材中设置"实践活动"栏目,通过选取果汁、自来水、矿泉水、茶水、肥皂水、米醋、工业废水、雨水、公园湖水等生活中常见的液体作为样品,用广范 pH 试纸测定其 pH,了解生活中常见液体的酸碱性。在实践中培养学生分析问题、解决问题的能力,提高学生的实验操作能力,发展学生现象观察与规律认知、科学态度与社会责任等化学学科核心素养。

剖析·重点难点

本节的教学重点主要有:水的离子积和溶液的酸碱性与 pH。

水是一种弱电解质,在纯水及稀溶液中,水分子发生解离,水的解离平衡是在某一温度下的平衡状态。纯水中的氢离子浓度和氢氧根离子浓度相等且为定值。水的解离是一个吸热过程,随着温度的升高,解离平衡向着吸热方向,即向着水解离的方向移动。因此,升高温度会使水的解离平衡常数增大,从而使纯水中的氢离子浓度、氢氧根离子浓度及水的离子积常数均变大。水的离子积也是本节的教学难点。

溶液的酸碱性取决于溶液中氢离子浓度和氢氧根离子浓度的相对大小。由于用氢离子浓度表示溶液的酸碱性时,常常因数值太小而很不方便,故采用 pH 来表示溶液的酸碱度。溶液的酸性越强,pH 越小;溶液的碱性越强,pH 越大。人们常常利用酸碱指示剂、pH 试纸或 pH 计来测量溶液的酸碱性。

教学实施建议

水的离子积常数,简称水的离子积,是表示溶液中氢离子和氢氧根离子乘积的常数。pH 为溶液中氢离子浓度的负对数,即 $pH=-\lg[H^+]$。本节内容相对比较抽象,需要引导学生学会使用 pH 描述溶液的酸度,会用 pH 计等测量溶液的 pH,在教学中要把握好教学的深度,可采取情境教学法、任务驱动教学法、实验探究法、讲授法等,建议采用信息化教学手段,充分利用教材中的栏目组织学习活动,通过情境设置,任务驱动的方式,引导学生自主探究和小组合作,完成学习任务,发展化学学科核心素养。

课堂教学·讲究方法

一、关于水的离子积的教学

在进行水的离子积的教学时,教材通过描述纯水的导电性实验得出水是一种极弱的电解质。教师可以借助多媒体演示水的解离过程,采用启发式教学法,指导学生从平衡常数知识出发,利用水的解离方程式和水的解离平衡常数表达式,推导出水的离子积常数。引导学生通过分析水的解离平衡的移动情况,总结出影响水的离子积常数的因素,从而得出水的离子积常数随温度升高而增大这一结论。

二、关于溶液的酸碱性和 pH 的教学

通过水的离子积的教学,学生知道在任何溶液中均可以利用水的离子积常数来计算溶液中的氢离子浓度或氢氧根离子浓度,从而引出溶液的酸碱性与氢离子浓度、氢氧根离子浓度的关系。

在进行教学设计时要遵循学生的学习习惯和认知规律,依照由已知到未知、由易到难的逻辑顺序,环环相扣设计问题情境,引导学生不断地发现问题,思考问题,进而解决问题。对于溶液的酸碱性,学生较易理解,教师只需要以问题引领学生独立思考,即可达成教学目标。pH 的计算公式作为一种数学工具,只需要学生学会简单使用即可,不需要过多讲解公式本身。教材对于酸碱指示剂、pH 试纸和 pH 计的介绍比较简略,教师可以展示实物并结合教材图 3-3-3 和图 3-3-4,让学生有直观的认识,使学生了解测量溶液 pH 的工具的原理和使用方法。

实践活动·注重策略

1. 将生活中常见的液体作为样品,用广范 pH 试纸测定其 pH,了解生活中常见液体的酸碱性。在实验中,培养学生分析问题、解决问题的能力,提高学生的实验操作能力,发展学生现象观察与规律认知、科学态度与社会责任等化学学科核心素养。

2. 以"国家标准中生产生活用水、工业废水等关于 pH 的规定"为主题,将 3~4 名学生分为一组,引导学生查阅资料,了解国家的相关规定。同时,选取相应的生活饮用水、工业废水、河(湖)水、雨水等水样及不同区域(农作物种植)的土壤样品,测定其 pH,研究酸碱性对生产生活、环境和农作物生产的影响。在查阅资料、调查实践的过程中,培养学生获取信息和加工

信息的能力,发展科学态度与社会责任等化学学科核心素养。在撰写调查报告的过程中,学生提出自己的环保小建议并在主题班会上进行交流,培养学生合作交流的意识,增强学生的环保意识和主人翁的责任感,自觉践行绿色发展理念。

知识拓展·善用资源

一、水的离子积常数(K_w)与温度的关系

由于水的解离过程是一个吸热过程,因此随着温度的升高,水的离子积常数显著增大,表 3-3-1 列出了水在不同温度下的离子积常数。

表 3-3-1　水在不同温度下水的离子积常数(K_w)

温度/℃	0	10	20	25	50	100
K_w	$1.138×10^{-15}$	$2.917×10^{-15}$	$6.808×10^{-15}$	$1.009×10^{-14}$	$5.470×10^{-14}$	$5.495×10^{-13}$

在室温条件下(25 ℃),水的离子积常数一般可看作$1×10^{-14}$。

二、酸碱指示剂的变色范围及影响因素

人们能看到的指示剂颜色变化的 pH 范围称为指示剂的变色范围。这个范围通常为 2 个 pH 单位。

影响酸碱指示剂变色范围的因素主要有以下几个。

1. 指示剂的用量

指示剂的用量要适宜:用量太少,色调太浅,变色不够敏锐;用量太多,因为指示剂本身是弱酸或弱碱,显色时要消耗一定量的反应物,会引起误差。一般来说,双色指示剂,如甲基橙,在溶液酸度一定时,指示剂用量对变色范围的影响不大;单色指示剂,如酚酞,指示剂用量会影响变色范围。

在 50~100 mL 溶液中加 2~3 滴 0.1 mol/L 酚酞试液,在 pH≈9 时出现微红色,同样条件下,加 10~15 滴酚酞试液,则在 pH≈8 时出现微红色。

2. 温度

温度变化使得指示剂的解离常数发生变化,从而使指示剂的变色范围发生变化。如甲基橙的变色范围室温时为 3.1~4.4,100 ℃时为 2.5~3.7。所以滴定操作一般在室温下进行,如果是热溶液,要冷却到室温再进行滴定。

3. 离子强度

离子强度的变化将影响氢离子活度,而氢离子活度又直接影响指示剂的解离常数,从而使指示剂的变色范围发生变化。因此,滴定的溶液中不宜存在大量盐类。

教材参考答案

1. 在农业生产中,不同农作物对土壤酸碱性的要求不同,有不同的最适宜生长的 pH 范围。最适宜薄荷生长的 pH 范围是 7~8,甲地区的土壤呈弱碱性,有利于薄荷生长;而乙地区土壤呈酸性,不利于薄荷生长。

2. 略。

3. 略。

第四节　离子反应和离子方程式

解析·编写思路

由于许多反应是在溶液中进行的,教材在学生学习了电解质与非电解质的概念,掌握了强电解质和弱电解质的本质区别后,引入了离子反应的概念。

教材从"电子企业含氟废水的处理方法之一——化学沉淀法"出发创设情境,使学生产生疑问:化学沉淀法的原理是什么?沉淀的本质又是什么?让学生带着强烈的求知欲开启本节内容的学习。通过"观察与认知"栏目使学生认识到溶液中进行的化学反应的本质是离子与离子间的反应。在此基础上,进一步引出"用实际参加反应的离子的符号表示反应"的离子方程式的概念,并举例演示了离子方程式书写的步骤,最后总结出离子反应发生的条件。"离子反应与离子方程式的学习"既有利于学生在应用中更好地掌握电解质和非电解质、强电解质和弱电解质的相关概念,又有利于学生在主题四中更好地理解常见无机化合物的性质。

本节教材内容理论性比较强,教材的编写尽可能地从生产生活实际出发,从学生熟悉的化学反应中引出新知识,以发展学生化学学科核心素养为出发点,着眼于学生自主学习能力的培养。

分析·教学内容

一、地位和作用

本节作为化学知识中的基本理论部分,在中职化学学习中占有重要的地位。本节知识既能揭示溶液中化学反应的本质,巩固前面已学过的电解质解离的知识,又能为后面学习盐类水解、常见的无机化合物的性质奠定一定的基础,正确而又熟练地书写离子方程式,是学生必须掌握的一项基本技能。

二、与核心素养之间的联系

本节内容主要分为两个部分:即离子反应和离子方程式。

1. 离子反应

学生通过观察氯化钠溶液分别与硝酸钠溶液、硝酸银溶液混合后的现象,了解离子反应发生的条件。培养学生分析推理能力和综合归纳能力，发展宏观辨识与微观探析、现象观察与规律认知等化学学科核心素养。

2. 离子方程式

通过讨论、比较盐酸溶液与氢氧化钠溶液反应的离子方程式，理解离子反应的本质，进而总结出"离子反应不仅可以表示一个反应，还可以表示一类反应"的离子方程式的意义。培养学生分析推理能力和综合归纳能力，发展宏观辨识与微观探析、变化观念与平衡思想等化学学科核心素养。

剖析·重点难点

本节的教学重点主要有：离子反应、离子方程式的书写。

由于电解质溶于水后会全部或部分解离成离子，所以电解质在溶液中发生的反应必然有离子参加。有离子参加的反应称为离子反应。离子反应发生的条件是离子浓度的减少。

书写离子方程式分四步：写、改、删、查。第一步"写"，正确写出反应的化学方程式。第二步"改"，把方程式中溶解度大的强电解质改写为离子形式，气体、难溶的物质和弱电解质（如水）等仍用化学式表示。第三步"删"，删去方程式两边未参加反应的离子，并化简。第四步"查"，检查方程式两边各元素的原子个数和电荷总数是否相等。其中，第二步"改"是教学中的难点。所谓"改"，实际上是依据该物质在反应体系中的主要存在形式来决定的，主要存在形式是离子的化合物写成离子形式，否则就写成化学式。离子方程式的书写也是本节的教学难点。

教学实施建议

电解质溶于水后，解离成为自由移动的离子。电解质在溶液中的反应实质上是离子之间的反应，这样的反应属于离子反应。离子方程式，即用实际参加反应的离子符号表示反应的式子。教师可以通过前导知识引出离子、离子反应，导出离子方程式。因为内容概念比较多，要注重引导学生加以区分，可以采取任务驱动教学法、讲授法、演示法等，建议采用信息化教学手段，充分利用教材中的栏目组织学习活动，引导学生自主探究和小组合作，完成学习任务，发展化学学科核心素养。

课堂教学·讲究方法

一、关于离子反应的教学

以教材中的"情境与问题"栏目为出发点，通过复习前面学习过的电解质解离等相关知识,引出离子反应的概念。然后根据教材的"观察与认知"栏目中的实验,在观察实验现象中引导学生联想溶质在溶液中的解离情况,从而帮助学生理解氯化钠溶液与硝酸银溶液反应的实质是银离子与氯离子反应生成氯化银沉淀。在观察实验现象和归纳总结中,发展学生宏观辨识与微观探析、现象观察与规律认知等化学学科核心素养。

二、关于离子方程式的教学

教师在学生理解离子反应的基础上,提出离子方程式的概念。离子方程式的书写既是教学的重点也是难点,而"写、改、删、查"四步中"改"是最关键也是学生最难理解的一步,在教学中可以观察学生的实际反应,根据学生的学习基础,进行分层次教学:如果学生基础较好,则采用理解记忆的方法,联系强、弱电解质等概念,使学生正确理解所谓"改",实际上是依据该物质在反应体系中的主要存在形式来进行的,主要存在形式是离子的化合物则改写成离子形式,其他的全部写成化学式。如果学生基础不好,则以口诀记忆代替,如"沉淀、气体、水不改,单质、氧化物、难解离也不改",其他物质都需要改写成离子形式。熟练掌握离子方程式的书写还需要结合实例进行练习。在练习中引导学生归纳出离子方程式的意义:离子方程式不仅可以表示一定物质间的某个反应,而且可以表示同一类型的离子反应。帮助学生理解离子反应的本质,体会事物发展规律中既有普遍性又有特殊性的辩证唯物主义思维,发展变化观念与平衡思想等化学学科核心素养。

知识拓展 · 善用资源

含氟废水的工业处理

电子企业在清洗、腐蚀、蚀刻等生产过程中会产生高浓度含氟废水,氟的存在形式以 F^- 为主。在废水中加入氯化钙,利用 F^- 与 Ca^{2+} 反应生成难溶的 CaF_2 沉淀,采用固液分离的方法从废水中去除 CaF_2,从而达到除氟的目的。其反应原理如下:

$$Ca^{2+}+2F^- =\!=\!= CaF_2\downarrow$$

目前,主要的除氟技术有化学沉淀法、混凝沉淀法、吸附法、离子交换法、电凝聚法和反渗透法等。但对于浓度在 100 mg/L 以上的高氟废水,采用单一工艺处理难以达到排放标准或者处理成本过高。通常,化学沉淀法除氟量大,可以作为高氟废水的第一级处理工艺,混凝沉淀法和吸附法对低氟废水有较好的去除效果,可以作为末端工艺。因此现在工业上常采用组合工艺来处理含氟废水。

教材参考答案

1. (1) 甲厂废水所含离子:K^+、OH^-、Cl^-;

乙厂废水所含离子：Fe^{3+}、Ag^+、NO_3^-。

(2) 可将甲、乙两厂废水按一定的比例混合后，使 Ag^+ 和 Cl^- 沉淀，Fe^{3+} 和 OH^- 沉淀，这样可将大部分污染性强的离子去除。

$$Ag^+ + Cl^- =\!=\!= AgCl\downarrow, \quad Fe^{3+} + 3OH^- =\!=\!= Fe(OH)_3\downarrow$$

2. ①加入过量 $BaCl_2$ 溶液（除去 SO_4^{2-}）；②加入过量 NaOH 溶液（除去 Mg^{2+}）；③加入过量 Na_2CO_3 溶液（除去 Ca^{2+} 和①中过量的 Ba^{2+}）；④加入适量盐酸（中和过量 OH^-，除去②中过量的 CO_3^{2-}）；⑤蒸发结晶，得到纯净的氯化钠。（其他合理方案也可）

3. (1) C：$KAl(SO_4)_2$；D：$CuSO_4$；

(2) $2HCO_3^- + Ca^{2+} + 2OH^- =\!=\!= CaCO_3\downarrow + CO_3^{2-} + H_2O$；

(3) 2 mol。

第五节　盐类的水解

解析·编写思路

盐类的水解属于化学基础理论知识，涉及的知识面比较广，综合性比较强，是前面已经学过的电解质的解离、水的解离平衡、水的离子积以及平衡移动原理等知识的综合应用。

教材从"纯碱"这一碱类助洗剂出发创设情境，激发学生产生强烈的好奇心和积极的探究欲，带着"碳酸钠明明是盐，为什么叫纯碱"的问题开始学习。随后，教材通过"观察与认知"栏目引导学生测定盐溶液的酸碱性，帮助学生形成对盐溶液酸碱性的感性认识。在此基础上，引导学生将盐按照强碱弱酸盐、强酸弱碱盐、强酸强碱盐、弱酸弱碱盐四种类型进行分类，为从微观角度研究盐溶液呈现一定酸碱性的原因打下基础。由于从微观角度说明比较抽象，教材将解离方程式与有关文字结合形象地说明了盐溶液呈现酸碱性的原因，促进学生加深对盐类水解规律的认识，并掌握水解反应的表示方法。最后，教材通过"实践活动"栏目，引导学生发现盐类水解在生产生活中的应用，进一步认识水解反应在生产生活中的作用。

整个编写过程遵循由宏观到微观、由现象到本质的认知发展规律，特别注意发挥学生已经掌握的化学平衡知识在解决盐类水解问题中的应用，既有利于学生深入理解盐类水解的原理，还能促进学生巩固已有的化学平衡与解离平衡知识。最后，以"化学与强盛中国"栏目——再生式环境控制与生命保障系统结尾，展示我国在航天领域的伟大成就，激发学生的爱国热情。

分析·教学内容

一、地位和作用

本节是主题三的最后一节内容，是电解质的解离、水的解离平衡、水的离子积以及平衡移动原理等知识的综合应用，对学生将本主题内容融会贯通有着很好的促进作用。

二、与核心素养之间的联系

本节内容主要分为两个部分：盐类水解的基本概念以及盐类水解的实质和规律。

1. 盐的水解的基本概念

通过测定相同浓度氯化钠溶液、醋酸钠溶液、氯化铵溶液、醋酸铵溶液的 pH，引导学生交流、讨论、归纳盐的类型与其溶液酸碱性的关系，发展现象观察与规律认知、变化观念与平衡思想等化学学科核心素养。

2. 盐类水解的实质和规律

通过分析氯化钠、醋酸钠、氯化铵和醋酸铵这四种盐的类型，引导学生交流、讨论、归纳盐的类型与其溶液酸碱性的关系，发展宏观辨识与微观探析、变化观念与平衡思想等化学学科核心素养。

剖析·重点难点

本节的教学重点主要有强酸弱碱盐和强碱弱酸盐水解的原理、可溶性盐水解的实质和规律。

盐溶液之所以呈现一定的酸碱性，主要是由于盐溶于水后对水的解离平衡产生影响，导致溶液中氢离子和氢氧根离子的浓度发生变化。

盐的水解的实质在于组成盐的离子（弱碱阳离子或弱酸阴离子）能与水解离出来的氢离子或氢氧根离子结合生成弱电解质。强酸弱碱盐水解后溶液呈酸性；强碱弱酸盐水解后溶液呈碱性；强酸强碱盐不水解，溶液一般呈中性；弱酸弱碱盐强烈水解（强烈是相对的）；水解程度与水解生成的弱电解质有关，产物越弱越水解。可溶性盐水解的实质和规律也是本节的教学难点。

教学实施建议

在溶液中，盐的离子与水解离出来的 H^+ 或 OH^- 生成弱电解质的过程称为盐的水解。盐的水解的实质在于组成盐的离子能与水解离出来的 H^+ 或 OH^- 结合生成弱电解质。教师可以通过观察、分析、比较、演绎、推理等手段，促使学生掌握盐类水解的概念、规律以及盐类水解方程式的正确书写方法。可采取任务驱动教学法、实验探究法、讲授法等，尽量采用信息化教学手段，完成学习任务，达成教学目标，发展化学学科核心素养。

课堂教学·讲究方法

一、关于盐的水解概念的教学

以教材中的"情境与问题"栏目为出发点，通过"为什么将碳酸钠称为纯碱"的这一提问，激发学生的学习兴趣。然后设计一组实验,启发引导学生从观察到的现象去探究隐藏在这些实验现象背后的实质,从而初步建立盐的水解的概念。本知识点内容新,理论性强,从宏观现象过渡到微观本质的分析,有一定的难度。盐的水解的引入要充分利用实验调动学生的积极性,引导学生边看边想,主动揭示矛盾,促使学生掌握盐的水解的概念。教学中,应激发学生学习化学的兴趣,提高学生学习的积极性和主动性,发展现象观察与规律认知、变化观念与平衡思想等化学学科核心素养。

二、关于盐类水解的实质和规律的教学

在建立盐的水解的概念后,引导学生分析几种盐和水的解离之间的关系,认识盐的水解的实质,理解水溶液的酸碱性,并运用归纳法总结出几类盐水解的一般规律和特点;接着利用演绎法,采用实例训练书写盐水解的离子方程式,以达到落实知识、技能和发展化学学科核心素养的目的。

在教学中,教师可以通过观察、分析、比较、演绎、推理等手段,促使学生掌握盐类水解的概念、规律以及盐类水解方程式的正确书写方法。除此之外,在教学中,教师可以联系生活中的各种实际情况,引导学生充分运用各种盐的水解的特征规律等化学基础知识,解决实际问题,达到学以致用的目的,让学生在实践中加深和巩固所学的化学基础知识。教师在教学中可以采用实验探究法,调动学生的主动性,充分揭示矛盾,总结规律性知识,引导学生运用化学平衡移动原理分析盐的水解,提高学生分析问题的能力,发展现象观察与规律认知、变化观念与平衡思想等化学学科核心素养。

三、关于学生实验的教学

完成学生实验"一定物质的量浓度溶液的配制""溶液的稀释""溶液 pH 的测定"。在实验教学中,应要求学生遵守实验室安全规范,指导学生规范使用实验仪器,准确记录并分析实验数据。使学生掌握一定物质的量浓度溶液配制、稀释和 pH 测定的方法,养成细心观察、主动探索的学习习惯和规范操作、精益求精的实验习惯。发展现象观察与规律认知、科学态度与社会责任等化学学科核心素养。

实践活动·注重策略

在学生理解盐类水解的概念、实质和规律的基础上,教材在"实践活动"栏目引入了明矾的净水实验:取浑浊水样,仔细观察并记录加入适量明矾前后的变化,讨论明矾的净水原理。引导学生在实践中了解明矾之所以有净水作用,是由于明矾在水中解离出来的 Al^{3+} 发生水解产生了 $Al(OH)_3$ 胶体,由于 $Al(OH)_3$ 胶体具有很强的吸附性,能吸附水中悬浮物而沉淀,从而达到净水的目的。通过实验激发学生的求知欲:盐的水解在生产生活中还有哪些应用?随后,引导学生查阅资料,制成资料卡,并在班级板报上进行交流,让学生进一步认识水溶液中的离子反应在日常生产生活的作用,发展科学态度与社会责任等化学学科核心素养。

知识拓展·善用资源

盐的水解的特点

盐的水解的特点可以概括为:见弱就水解,谁强显谁性。

1. 见弱就水解

水解是弱酸根阴离子和弱碱阳离子的水解。

弱酸根阴离子有 S^{2-}、HS^-、CO_3^{2-}、HCO_3^- 等,发生的水解反应如下。

$$S^{2-}+H_2O \rightleftharpoons HS^-+OH^-$$

$$HCO_3^-+H_2O \rightleftharpoons H_2CO_3+OH^-$$

弱碱阳离子有 NH_4^+、Fe^{3+}、Al^{3+}、Mg^{2+} 等,发生的水解反应如下。

$$Al^{3+}+3H_2O \rightleftharpoons Al(OH)_3+3H^+$$

若盐中既有弱酸根阴离子,又有弱碱阳离子,则两者均发生水解:

$$NH_4^++CH_3COO^-+H_2O \rightleftharpoons NH_3 \cdot H_2O+CH_3COOH$$

2. 谁强显谁性

强酸弱碱盐水解后其溶液显酸性,如 NH_4Cl 的水溶液显酸性。

$$NH_4^++H_2O \rightleftharpoons NH_3 \cdot H_2O+H^+$$

强碱弱酸盐水解后其溶液显碱性,如 Na_2CO_3 的水溶液显碱性。

$$CO_3^{2-}+H_2O \rightleftharpoons HCO_3^-+OH^-$$

弱酸弱碱盐水解后其溶液的酸碱性取决于弱酸和弱碱的相对强弱程度。例如,醋酸的 $K_a(1.76\times10^{-5})$ 与氨水的 $K_b(1.77\times10^{-5})$ 相当,因此,醋酸根的水解程度与铵根离子的水解程度相当,醋酸铵溶液显中性。

酸式盐在水溶液中既能解离也能水解。其水溶液的酸碱性取决于解离和水解程度的相对强弱。例如,NaH_2PO_4 的水溶液中,$H_2PO_4^-$ 的解离常数 $K_a\approx6.23\times10^{-8}$,而 $H_2PO_4^-$ 的水解常数 $K_h\approx1.33\times10^{-12}$,因此 $H_2PO_4^-$ 以解离为主,溶液显酸性。

多元弱酸根的水解是分步的,发挥主要作用的是第一级水解。例如,Na_2CO_3 溶液中 $[CO_3^{2-}]>[HCO_3^-]>[H_2CO_3]$。

教材参考答案

1. $CH_3COO^-+H_2O \rightleftharpoons OH^-+CH_3COOH$,故乙酸钠溶液显碱性。

2. （1） $Al^{3+}+3HCO_3^- =\!=\!= Al(OH)_3\downarrow +3CO_2\uparrow$

（2）由离子方程式可知，Al^{3+} 与 HCO_3^- 反应的物质的量之比为 1∶3，1 mol $Al_2(SO_4)_3$ 中含有 2 mol Al^{3+}，所以 $Al_2(SO_4)_3$ 与 $NaHCO_3$ 完全反应，物质的量比例应为 1∶6。1∶5 接近此数值。

（3）不合理。要产生同样多的 CO_2，Na_2CO_3 消耗的 Al^{3+} 是 $NaHCO_3$ 的两倍，并且 CO_2 产生变慢，不利于灭火使用。

3. 向氢氟酸溶液中加入适量的 NH_4F 的原因在于：当反应消耗氢氟酸时，使得 $NH_4^+ + F^- + H_2O \rightleftharpoons NH_3\cdot H_2O+HF$ 水解平衡正向移动，维持溶液 pH 的相对稳定。

教学设计案例

课题名称	盐的水解
教材分析	"盐的水解"是高等教育出版社出版的《化学（加工制造类）》教材主题三"溶液与水溶液中的离子反应"第五节的教学内容，是"弱电解质的解离平衡""水的离子积和溶液的 pH"具体知识的综合应用。学生开始从微观的角度来分析溶液的酸、碱性，探究盐类在溶液中的变化规律，学生对以前知识的掌握程度会直接影响本节内容的学习，与此同时，本节也为后续电化学基础知识的学习埋下伏笔。总之，"盐类的水解"在本章知识内容中起到承上启下的作用
学情分析	**知识与能力基础：** 学生已经学习了化学平衡原理，初步掌握了弱电解质的解离平衡和水的解离平衡两个平衡体系，对于本节课学习电解质在水溶液中的水解有很大的帮助；但对于离子反应的书写和知识迁移能力有待加强。 **心理特点：** 学生对化学现象，尤其是与生活相关的实验现象有较浓厚的兴趣，但对于微观离子反应的学习有一定的畏难情绪
教学目标	1. 通过分析盐溶液呈酸性、中性、碱性的原因，引导学生结合电解质的解离以及水的解离平衡移动进行分析，培养学生分析问题的能力以及用化学语言描述实验过程并得出结论的能力，以达到落实知识、技能和发展思维能力等目的。 2. 通过测定不同盐溶液的 pH，初步培养学生实验探究能力和利用实验发现问题、分析问题、解决问题的能力，培养学生合作互助的团队精神，发展现象观察与规律认知等化学学科核心素养。 3. 通过联系生产生活中的各种实例，充分利用盐的水解的特征规律等化学基础知识，解决实际问题，达到学以致用的目的，从而激发学生学习化学的兴趣
核心素养	分析盐溶液呈现不同酸碱性的原因，掌握盐的水解的原理，能根据"宏观现象—微观粒子的行为—化学符号表征"描述盐的水解的过程，形成分析盐溶液呈现酸碱性的一般思路，发展变化观念与平衡思想等化学学科核心素养
教学重点	强酸弱碱盐和强碱弱酸盐水解的原理、可溶性盐水解的实质和规律
教学难点	可溶性盐水解的实质和规律
教学方法	教法：情境教学法、任务驱动法； 学法：实验探究法、合作学习法

续表

教学环节		教师活动	学生活动	设计意图
课前	课前准备	【布置课前任务】 1. 常见的强酸有哪些？2. 常见的强碱有哪些？3. 强电解质溶液中溶质粒子以何种形式存在于溶液中？弱电解质溶液中溶质粒子以何种形式存在于溶液中？4. 从参与反应的酸碱强弱角度对盐分类。5. 溶液的酸碱性的定义。6. 水的解离的影响因素。7. 用pH试纸定性测量溶液酸碱性的方法和定量测量溶液pH的方法。 【准备实验】 准备课堂实验用品，熟悉教材，悉心备课	根据提纲，完成课前任务	课前巩固，有利于学生扎实基础，培养总结归纳能力和知识整理能力
课中	环节一 新课引入	【提问】 电镀工业在清洗镀件时常用的一种碱类助洗剂 Na_2CO_3，即纯碱。为什么会将 Na_2CO_3 称为"碱"呢？ 酸溶液呈酸性，碱溶液呈碱性，那么盐溶液呈什么性？	【思考】 思考、讨论、动手设计	把教学内容转化为具有潜在意义的问题，让学生产生强烈的好奇心，使学生的整个学习过程成为思考和求证的过程。从而顺利转入到新课的学习
	环节二 盐类水解的原理	【引导】 引导学生知道解决问题的方法之一是实验探究，得出结论，形成规律。 【观察】 观察学生进行实验，解答学生的问题，纠正实验中的错误。 【提问】 盐溶液呈不同酸碱性的原因是什么？	【实验操作】 进行实验并寻找盐溶液的酸碱性与盐的类型之间的关系。 【思考】 学生研读教材，探究盐溶液呈不同酸碱性的原因。 【小组讨论】	培养学生的自学能力和合作学习能力。让学生掌握盐溶液呈不同酸碱性的原因后，还可以让学生初步学会盐类水解方程式的书写和从方程式中寻找盐类水解的特点

续表

教学环节		教师活动	学生活动	设计意图
课中	环节三 盐类水解的 实质和规律	【提问】 盐的水解的定义、实质和规律是什么？ 【布置任务】 布置学生根据表3-6-1完成盐类水解规律的总结： 表3-6-1 		醋酸钠溶液	氯化钠溶液	氯化铵溶液	醋酸铵溶液
$[H^+]$与$[OH^-]$的大小关系				
溶液中的粒子				
有无弱电解质生成				
对水解离平衡的影响						【总结】 完成盐类水解规律的总结，从中寻找规律，生成概念	培养学生的化学思维和归纳能力，既理解盐的水解的定义，又从中寻找出盐的水解的条件及规律
	环节四 学以致用	【讲解】 引导学生查阅生产生活中盐的水解的应用	【分析讨论】 查阅生产生活中盐类水解的应用	巩固新知识，学以致用，提高学生学习化学的兴趣
	环节五 课堂小结	【提问】 学习了本节课，同学们掌握了哪些新知识和新技能？ 【总结】 盐溶液酸碱性的判断方法、原因、盐的水解的定义、特点和规律	【思考并回答】 【聆听教师总结】	使知识条理化，有利于学生掌握
课后	课后提升	【设疑】 明矾净水的原理是什么？水溶液中的离子反应对人们日常生活的作用还有哪些？盐类水解在生产生活中的应用还有很多，课后同学们可以结合"实践活动"与"化学与强盛中国"栏目进一步了解	作业一：完成课后练习，及时巩固学习成果。 作业二：查阅资料，培养利用化学知识分析和解决实际问题的能力	进一步强化对盐的水解知识的认识。强化对化学知识实用性的认识，落实立德树人根本任务，发展化学学科核心素养

教学评价：

1. 通过课前知识预习、课堂提问和课后作业等方式评价学生对于知识的掌握程度。

2. 通过任务驱动和小组合作等教学方法，培养学生分析问题、解决问题的能力，考查评价自主学习和与他人协作的能力。

教学反思：

本节课针对教情、学情的实际，对教材进行科学的再加工，以合理的问题为情境，让学生以"概念形成"的方式获得概念。充分发挥学生的主观能动性，给学生提供积极、有效建立化学概念的机会，创新设计教学过程。学生通过"任务驱动"法实现了知识的建构，激发了学生学习的兴趣。

教学评价反思

通过本主题教学,您有哪些收获和不足,请填入表中。

节	重点、难点把握	核心素养培育	学生积极性调动	教学设计亮点	信息化手段应用	教学效果	其他
溶液组成的表示方法							
弱电解质的解离平衡							
水的离子积和溶液的 pH							
离子反应和离子方程式							
盐类的水解							
学生实验:溶液的配制、稀释和 pH 的测定							

主题四

常见无机物及其应用

课程标准要求

节	内容要求	学时分配建议（共8学时）
常见非金属单质及其化合物	了解氯、硫、氮等常见非金属单质及其重要化合物的主要性质，了解这些物质在生产、生活中的应用及对生态环境的影响；知道氯离子、硫酸根离子和铵离子的检验方法	4
常见金属单质及其化合物	了解钠、铝、铁等常见金属单质及其重要化合物的主要性质，了解这些物质在生产、生活中的应用；知道铁离子的检验方法	4

第一节　常见非金属单质及其化合物

教材内容三析

解析·编写思路

无机物是中职化学的基础知识,是化学基础理论知识教学的基础。无机物与生产生活息息相关,学习常见的无机物对于培养学生化学学习兴趣与学习能力,以及科学素养和科学精神有着重要作用。

教材将无机物分为常见的非金属单质及其化合物、常见的金属单质及其化合物两大部分内容。在介绍常见的非金属单质及其化合物时,内容顺序上为元素→单质→氢化物→氧化物→盐→酸。从学生的认知角度,结合前面所学的原子结构,掌握元素单质的物理性质和化学性质,进而探究化合物的物理性质和化学性质,体现"结构决定性质"这一规律。同时,内容顺序没有按照传统的讲授方式,针对某一具体的非金属元素进行纵向研究(如氮元素:N_2→NH_3→NO/NO_2→铵盐→HNO_3),而是将纵向结构化为横向分块整合,即将所有元素的单质、氢化物、氧化物、酸分别放在一起,这样有利于学生将不同元素的单质及化合物进行比较,便于总结归纳其中的规律,发展现象观察与规律认知等化学学科核心素养。

教材在编写时突出了无机物与生产生活的紧密联系,如在第一节的"情境与问题"栏目中加入高炉炼铁过程中常添加含氯助燃剂,从而引出非金属单质及化合物的学习。在介绍元素时,使用了"海水的无机盐成分之冠——氯""黑火药的组成成分——硫""空气中含量最多的元素——氮",以与生活息息相关的资源为题创设学习情境。通过"实验与探究"栏目发展现象观察与规律认知、实验探究与创新意识等化学学科核心素养。

分析·教学内容

一、地位和作用

本节是无机物学习的开端,无机化学是化学领域的一个重要分支。本节内容是在原子结构的基础上,进一步探究元素的结构与物质物理性质和化学性质之间的关系,通过无机物中常见的非金属元素(氯、硫、氮)的学习,引导学生认识非金属元素的种类及常见的无机反应,了解研究物质的基本方法和基本程序。

二、与核心素养之间的联系

本节内容主要分为三个部分：非金属单质、非金属化合物和重要非金属离子的检验。

因整个编写结构类似，故以氯为例。首先，将氯气的用途作为引言，突出氯元素与生活的密切联系。通常情况下，氯气是一种黄绿色、有强烈刺激性气味的有毒气体。所以在实验操作中要注意安全，教材图4-1-2提示嗅闻应该采用扇闻法，同时在实验装置后要有尾气处理装置，避免造成环境污染，发展科学态度与社会责任等化学学科核心素养。氯原子的原子结构，决定了氯气的化学性质非常活泼，氯气可以和多种常见的金属（如钠、铁、铜）和非金属（如氢气）发生反应，也可以和水发生反应。氯气和金属、非金属单质的反应较为简单，以化合反应为主。但其与水的反应为氧化还原（歧化）反应，较为复杂，产物为盐酸和次氯酸。教材通过创设"实验与探究"栏目，让学生自主探究、分析氯气和水的反应产物。通过观察氯气的颜色，比较干燥的和湿润的氯气的不同实验现象，以及氯气与硝酸银溶液的反应，总结归纳出产物中存在的分子和离子，从而推导出氯气和水的反应产物，发展现象观察与规律认知、实验探究与创新意识等化学学科核心素养。

剖析·重点难点

本节的教学重点主要有常见非金属元素化合物的物理性质，常见非金属元素化合物的化学性质，重要非金属离子的检验。

无机物涉及的元素种类众多，所形成的物质类型也多种多样，例如非金属元素构成的物质类型有单质、氧化物、盐类、酸等，知识点较为繁杂、琐碎，需要教师：（1）加强知识点之间的联系，如氮的单质—氢化物—氧化物—酸之间的转化关系，使知识系统化；（2）加强直观教学和实验教学，与实际紧密联系；（3）启发学生理解元素化合物的结构、性质、用途和制备等知识点间的有机联系（图4-1-1）。

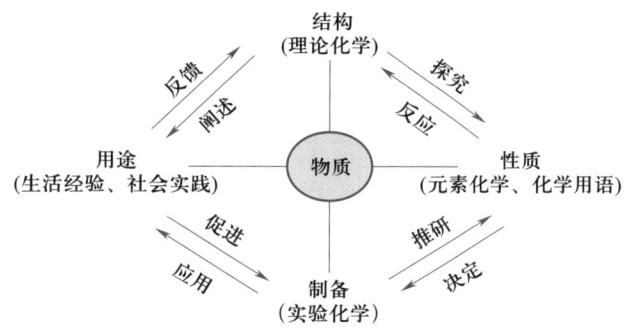

图4-1-1　建立物质结构、性质、用途与制备的联系

本节的教学难点主要有常见非金属元素化合物的化学性质，物质之间的相互转化，这需要教师在教学过程中厘清各种非金属化合物的特性与共性（表4-1-1）。

表 4-1-1

元素	N	S	Cl
单质	N_2	单斜硫\斜方硫\弹性硫	Cl_2
氢化物	NH_3	H_2S	HCl
氧化物	NO、NO_2、N_2O_4	SO_2、SO_3	Cl_2O_7、ClO_2
常见含氧酸	HNO_3、HNO_2	H_2SO_3、H_2SO_4	HClO、$HClO_4$
钠盐	$NaNO_3$、$NaNO_2$	Na_2SO_3、Na_2SO_4、$NaHSO_4$、$Na_2S_2O_3$、Na_2S	NaClO、$KClO_3$、NaCl
制取	NH_3(实、工)、NO_2(实)、HNO_3(工)	H_2S(实)、SO_2(实)、H_2SO_4(工)	Cl_2(实、工)、HCl(实、工)
检验	NH_3、NH_4^+、NO_2^-	H_2S、SO_2、SO_4^{2-}、SO_3^{2-}、H_2SO_4(浓)	Cl_2、HCl、HClO、Cl^-

注:(实)为实验室制法;(工)为工业制法。

教学实施建议

根据教学内容,联系生产生活实际,创设情境,激发学生的学习兴趣;引导学生讨论日常生活中常见的非金属单质及其化合物的主要性质,以及它们在生产、生活中的应用。建议采用信息化教学手段,充分利用教材中的栏目组织学习活动,通过情境设置,任务驱动的方式,引导学生自主探究和小组合作,完成学习任务,发展变化观念与平衡思想、现象观察与规律认知、实验探究与创新意识、科学态度与社会责任等化学学科核心素养。

课堂教学·讲究方法

一、关于非金属单质的教学

1. 关于非金属单质物理性质的教学

通过"情境与问题"栏目,引导学生寻找生活中常见的非金属元素,将所学理论与生活实际相结合,提高学生的学习兴趣。化学实验是学生获得物质相关性质等直观事实的重要途径,可通过直观演示法带领学生认识元素单质的物理性质,学生通过对具体实物的看、闻、感来确定单质的颜色、状态和气味等物理性质,加深印象。如通过观察瓶装氯气并扇闻确定氯气的物理性质,再结合发生氯气泄漏事故时应如何自救等知识点,进一步总结氯气密度比空气大、易溶于水等性质。

2. 非金属单质化学性质的教学

教材中要求掌握的非金属元素单质有三种:氯、硫、氮,每种单质又可以与其他多种物质发生反应,反应条件不同、种类多样,比较容易混淆,可采用对比的方式进行教学。对于氯气,要引导学生侧重从元素观和分类观去预测非金属单质的性质,应用氧化还原反应的规律理解反应的本质,能从离子反应的角度认识参加反应的粒子,逐步形成研究物质性质的方法和思路,并且运用类似的方法学习其他非金属单质。教师在教学过程中要注意引导学生发现非金属元素的相似点和差别,抓住性质中蕴含的化学基本原理。下面,主要以较为活泼的 Cl_2 为例,将非金属单质的化学性质归纳如下:

（1）与金属反应:$Cl_2+Cu \xrightarrow{\text{点燃}} CuCl_2$;

（2）与 H_2 反应:$Cl_2+H_2 \xrightarrow{\text{点燃}} 2HCl$;

（3）与 O_2 等其他非金属反应:$N_2+O_2 \xrightarrow{\text{放电}} 2NO$（$Cl_2$ 不能直接与 O_2 反应）;

（4）与水反应:$Cl_2+H_2O == HCl+HClO$;

（5）与碱反应:$Cl_2+2NaOH == NaCl+NaClO+H_2O$;

（6）与某些氧化性酸反应:$C+2H_2SO_4(浓) \xrightarrow{\Delta} CO_2\uparrow+2SO_2\uparrow+2H_2O$（$Cl_2$ 无这条性质）;

（7）与盐的置换反应:$Cl_2+2KI == 2KCl+I_2$。

不难看出,非金属单质在反应中除了可以表现出氧化性之外,有时也可以表现出还原性［反应(3)(4)(5)(6)］。这样,非金属单质的化学通性就可以归结为四大类:

第一类,由反应(1)体现的与金属的反应。其中的非金属单质都只表现为获得电子。

第二类,由反应(2)(3)体现的非金属单质间的反应,是非金属单质间在共用电子。

第三类,由反应(4)(5)体现的非金属单质与水、碱的反应,表现出非金属单质可以表现出一定的还原性。

第四类,由反应(6)(7)体现的某些非金属单质有很强的还原性或氧化性。

二、关于非金属化合物的教学

教师在非金属化合物的教学过程中,可以结合非金属元素的特点,将非金属化合物进行分类处理,比如氢化物、氧化物、含氧酸与含氧酸盐等,针对具体的化合物进行细化讲解,帮助学生在掌握非金属单质的基础上掌握非金属化合物,并将非金属元素的知识形成网络体系。

例如,对于氮的氢化物——氨气的教学,氨气的物理性质是无色但有刺激性气味,极易溶于水。而氨气的化学性质是建立在其正三角锥结构的基础之上的,氨气不仅可以溶于水形成氨水,还可以进一步合成铵盐。其次氧化物的教学,氮的氧化物主要包括一氧化氮和二氧化氮,它们的物理性质与化学性质均不相同,前者是无色无味有毒气体,且不溶于水;后者为红棕色且有刺激性气味的气体,有毒且溶于水。一氧化氮不能用排空气法收集,因为其密度与空气相差不大,二氧化氮不能用排水法收集,因为它能溶于水。教师通过对氮的氧化物性质的归纳总结,对比一氧化氮与二氧化氮的物理性质、化学性质,帮助学生更准确地掌握一氧化氮、二氧化氮等非金属氧化物。最后是氮的含氧酸——硝酸,硝酸的物理性质是无色透明的液体,可与水以任意比例互溶。硝酸是具有强腐蚀性的强酸,还具有强氧化性,可以和木炭反应。硝酸极不稳定,见光易分解,所以实验室用棕色细口瓶放在避光处保存。

三、关于重要非金属离子检验的教学

表 4-1-2 总结了重要非金属离子检验所用试剂、方法、现象和化学方程式。

表 4-1-2

离子	所用试剂	方法	现象	化学方程式
Cl^-	$AgNO_3$ 溶液和稀 HNO_3	将 $AgNO_3$ 溶液滴入待测液中,再加入稀 HNO_3	生成白色沉淀,且不溶于稀 HNO_3	$AgNO_3+NaCl=\!=\!=AgCl\downarrow+NaNO_3$
SO_4^{2-}	$BaCl_2$ 溶液和稀盐酸	将稀盐酸滴入待测液中,再加 $BaCl_2$ 溶液	滴加稀盐酸无现象,滴加 $BaCl_2$ 溶液生成白色沉淀,且沉淀不溶于稀盐酸	$BaCl_2+Na_2SO_4=\!=\!=BaSO_4\downarrow+2NaCl$
NH_4^+	浓 NaOH 溶液	将浓 NaOH 溶液加入待测液中,加热,将湿润的红色石蕊试纸置于试管口(或用玻璃棒蘸浓盐酸置于试管口)	放出有刺激性气味的气体,该气体能使湿润的红色石蕊试纸变蓝(或遇到浓盐酸产生大量白烟)	$NH_4Cl+NaOH\xrightarrow{\triangle}NaCl+H_2O+NH_3\uparrow$

需注意,当 SO_4^{2-} 和 Cl^- 共存时,应先检测 SO_4^{2-},因为一次检测 Cl^- 必须用到 Ag^+,而 Ag^+ 也能和 SO_4^{2-} 形成微溶物 Ag_2SO_4,因此如果先检测 Cl^- 那么无法判断形成的白色沉淀到底是 Ag_2SO_4 还是 AgCl。

实践活动·注重策略

一、实践活动一

1. 采用"联系生活"的策略,日常生活中出现的物品最能引起学生的注意,对于它们的研究也最能激发起学生学习化学的兴趣。家庭中一般都有漂白剂和洁厕灵,经过课堂学习,引导学生了解漂白粉的主要成分是次氯酸钙,洁厕灵的主要成分是盐酸,漂白粉与水会发生反应:$Ca(ClO)_2+H_2O+CO_2=\!=\!=2HClO+CaCO_3$(沉淀)。引导学生查找资料,发现 HClO 会和 HCl 反应生成氯气,而氯气是一种黄绿色、具刺激性气味的有毒气体,会对人体造成危害。所以切勿将漂白粉与洁厕灵混合使用,如果不小心将两者混用,应及时用大量清水冲洗,并保持良好的通风,如人吸入少量有毒气体应及时在通风处休息,发展现象观察与规律认知、实验探

究与创新意识等化学学科核心素养。

2. 用化学知识解决实际问题，让学生感受到学好化学能够服务于生活，提高学生的专业认可度和学好专业知识的使命感。让学生感受到宣传"家居生活品的安全使用"，能够提高自己和家人、朋友的安全意识，发展科学态度与社会责任等化学学科核心素养。

3. 建议将 4~6 名学生分为一组，强调团队精神，共同合作，完成展板，培养团队合作精神，鼓励思维碰撞，发展宏观辨识与微观探析、科学态度与社会责任等化学学科核心素养。

二、实践活动二

1. 在教学过程中，老师可以选用信息化教学手段，培养学生自主学习的能力和资料收集能力，同时在教学中布置较为灵活的学习任务，让学生利用课外时间自主完成。氮气的应用，可以从以下几个方面介绍：

（1）氮气在石油天然气开采及采煤工业中的应用

向油井内充入氮气不但可以提高井内压力，增大采油量，充入的氮气还可以作为钻杆测度中的缓冲垫，避免井内泥浆压力挤扁下部试管柱。此外，在进行酸化、压裂、水力喷孔、水力封隔器坐封等井下作业中，也要用到氮气。在天然气中充填氮气可以降低天然气的热值。在原油更换管道时，可用液氮浇注两端物料，使之固化封堵。将氮气用于粉煤的压力输送，既安全方便又经济实惠。

（2）氮气在化学工业中的应用

氮是合成氨的主要原料。工业合成氨所需的氮无需分离和提纯，直接来源于空气。高纯度的氮气可以作为生产聚乙烯的辅助气。利用氮气化学性质不活泼的特性，在许多易燃液体的反应器、贮罐中充入氮气，不但可以保护物料不受氧化，保证产品质量，还能确保安全，防止火灾和爆炸事故发生。

（3）氮气在冶金工业中的应用

氮气在冶金工业中主要是作保护气和吹扫气。在轧钢和金属热处理的过程中，由于氮气的保护，可以减少金属的高温氧化，使金属表面光洁。在有色金属冶炼炉中充入氮气，可以降低含氧量和温度，减少氧化，提高产品纯度。用氮气吹扫钢水，可以使钢中的氢含量降低，提高产品的强度。在高炉开工时吹入氮气，可以降低焦炭消耗，延长高炉的使用寿命。在等离子电弧炉中充入氮气，可以生产氮化高速工具钢。

（4）氮气在电子工业中的应用

在电子工业中用干燥的氮气吹洗硅片，可以保持硅片的干燥与清洁。在大规模集成电路生产工序中，高纯氮可以用作化学反应气的携带气、惰性保护气和封装气等。

（5）氮气在机械加工中的应用

液氮可以用于金属的过度配合或过盈配合的装配，避免金属高温氧化，可以保持零件表面的光洁度。用液氮泡过的零件加工后可延长磨损寿命。金属切削时用液氮冷却会使金属具有寿命长、表面光洁度高等优点。

（6）氮气在科学技术方面的应用

纯度高的氮气在气相色谱分析中是常用的载气。液氮在科学仪器或科学实验中是重要的冷源。许多实验都要在低温下进行，其冷量多数场合由液氮提供。液氮可用作各种冷阱、冷泵及低温超导的冷源。

（7）氮气在食品工业中的应用

氮气在食品工业中主要是用作保护气。例如在水果、蔬菜库内，充入氮气，可以抑制霉菌的生长和乙烯的生成与释放，延缓水果蔬菜的代谢，使保鲜期加长。在储存粮食的仓库中充入氮气，可以延缓粮食老化，在相当长的时间内，使新米保持香味。在快餐食品包装容器中充入氮气可以延长这些食品的保质期。鱼、肉一类的食品，用液氮冷冻，可以达到快速冷冻的效果，防止其组织内的水分形成玻璃体，使组织不被破坏，复热后可以保持原来的鲜美味道。

（8）氮气在生物、医疗方面的应用

生物和医疗领域主要还是利用液氮的低温性质和不活泼、无毒性的特性，使用液氮作为理想的冷源。液氮在保存动物的精液、人体组织等方面已得到普遍的应用。

（9）氮气在其他方面的应用

液氮在建筑领域也有应用，比如大体积的混凝土在固化时会放热，内部常会出现裂缝而降低强度，如果用液氮作为冷却剂，可以大幅度地提高混凝土的强度。液氮在打捞沉船的作业中也有独特作用。液氮在气化后能产生压力，可以作为动力源使用。在大气冷凝成云、模拟空间环境、形成低温风动通道、回收放射性废物、清除金属表面的垢层、制作陶瓷超导电缆、粉碎回收废橡胶和塑料制品等方面也可以用到液氮。氮气还可以作为灭火气。单独使用氮气或氮氩混合气充填灯泡，可以延长灯泡寿命。

总之，氮在生产生活中的应用十分广泛，通过资料收集，培养学生获取信息和加工信息的能力，发展科学态度与社会责任等化学学科核心素养。

2. 建议将 4~6 名学生分为一组，强调团队精神，共同合作，完成展板，培养团队合作精神，鼓励思维碰撞，发展宏观辨识与微观探析、科学态度与社会责任等化学学科核心素养。

知识拓展·善用资源

无机非金属材料

无机非金属材料与生活息息相关，小至打火机上的压电陶瓷，大至神舟飞船的制造材料等，都有无机非金属材料的应用。无机非金属材料是与有机高分子材料和金属材料并列的三大材料之一，是人类社会的重要物质基础。常见的无机非金属材料有二氧化硅气凝胶、水泥、玻璃、陶瓷等。

教材参考答案

1. 漂白粉是混合物,主要成分是 $Ca(ClO)_2$ 和 $CaCl_2$,有效成分是 $Ca(ClO)_2$,次氯酸钙可以与酸反应生成具有漂白性的次氯酸,为了增强漂白能力,可以加入酸发生 $Ca(ClO)_2+2HCl =\!=\!= CaCl_2+2HClO$ 的反应。

家中使用漂白剂时,为了提高漂白能力,可以适量加入能够提供 H^+ 的物质,如食醋等。

2. (1) $Cl_2+H_2O \rightleftharpoons HCl+HClO$;

   (2) $AgNO_3+HCl =\!=\!= HNO_3+AgCl\downarrow$;

   (3) $2HCl+Na_2CO_3 =\!=\!= 2NaCl+H_2O+CO_2\uparrow$。

3. (1) NO_2;NO;$NaNO_3$;$NaNO_2$;

   (2) 三元催化器可以将汽车尾气排出的 CO、碳氢化合物和氮氧化物等有害气体通过氧化和还原反应转变为无害的二氧化碳、水和氮气。当高温的汽车尾气通过净化装置时,三元催化器中的净化剂将增强 CO、碳氢化合物和氮氧化物等气体的活性,促使其进行氧化—还原反应,其中 CO 在高温下氧化成为无色、无毒的二氧化碳气体;碳氢化合物在高温下氧化成水和二氧化碳;氮氧化物还原成氮气和氧气。

   由于这种催化器可以同时将汽车尾气中的三种主要有害物质转化为无害物质,故称"三元"。

4. 空间站一般使用肼类燃料,肼类燃料具有热值高,热稳定性好,对冲击、压缩、摩擦、枪击、振动等均不敏感等等特性,可以安全地储存和运输。此外这类燃料不需要复杂的点火装置,接触到四氧化二氮这类的氧化剂就可以自燃,无需其他装置来点火。

在中国空间站上使用的霍尔电推进发动机以氙气为燃料,采用电离气体的方式将氙气转化为带电离子,从而产生推力。虽然霍尔电推进器的推力微弱,但其高比冲和高能量转化效率使其成为航天器的首选。

第二节 常见金属单质及其化合物

教材内容三析

解析·编写思路

工业生产和日常生活离不开金属,因此要引导学生认识金属单质及其化合物的性质和反应规律,发展科学态度与社会责任等化学学科核心素养。

本节教材在编写思路上延续了第一节分类法的思想,分门别类地对金属元素发生的反应进行了介绍,总结出金属的一般化学性质和特性。在具体介绍金属的某一化学性质时,运用了比较法,通过实验研究不同条件下的不同反应,如钠在空气中与氧气反应表面变暗生成氧化钠,受热后也能与氧气发生剧烈反应生成淡黄色的过氧化钠,从而让学生直观感受到反应条件在化学反应中的重要性。教材的编写思路,也对元素化学的教学提出了要求并指明了方向:要通过对具体的金属元素的教学,让学生学会观察、实验、分类、比较等研究物质性质的方法;要从学生已有的经验和知识出发,联系实际,帮助学生认识化学与人类生活的密切关系;要通过化学实验探究活动,使学生体验科学研究的过程,激发学习化学的兴趣,提高科学探究的意识。

本节教材通过"拓展延伸"栏目介绍的化学史,让学生感受到人类使用金属的悠久历史,进而通过"化学与强盛中国"栏目介绍的中国天眼在现代科技中的应用,提升学生对专业学习的认同感和民族复兴的使命感。

分析·教学内容

一、地位和作用

本节承接上一节的内容,学习和研究无机物中常见的金属元素,通过运用分类、比较的方法从整体上归纳金属元素的化学性质,让学生掌握元素化合物研究的方法和学习方法。对初步建立"元素观""分类观"和"转化观"有着重要的意义。

二、与核心素养之间的联系

本节内容主要分为三个部分:金属单质、金属化合物和重要金属离子的检验。

以金属单质的介绍为例。首先,在"情境与问题"栏目中,以2018年成功发射的嫦娥四号探测器和2019年开通的北京大兴国际机场为例,引出金属材料的重要性,体现了化学对人类的贡献,激发学生的学习热情和民族自豪感。"观察与认知""实验与探究""拓展延伸"等栏目,引入21世纪与化学相关的社会现实问题,帮助学生形成可持续发展的观念。"化学与强盛中国"栏目介绍中国天眼,提高学生的民族自豪感和爱国热情,有机融入课程思政元素,发挥专业课程在立德树人方面的重要作用,发展宏观辨识和微观探析、实验探究与创新意识、科学态度与社会责任等化学学科核心素养。

剖析·重点难点

本节的教学重点主要有常见金属元素化合物的物理性质,常见金属元素化合物的化学性质,重要金属离子的检验。

由金属元素构成的物质类型有单质、氧化物、碱、盐等,从金属原子结构的角度出发,归纳总结其性质、用途和制备(图4-2-1)。

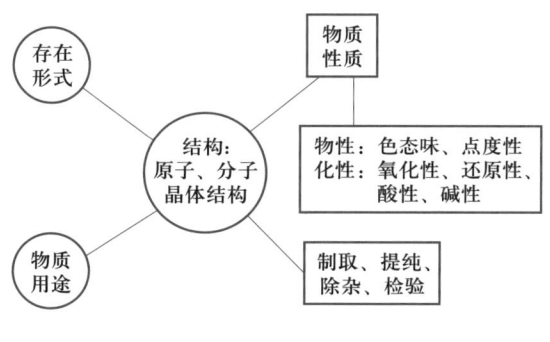

图 4-2-1

本节的教学难点主要有常见金属元素化合物的化学性质,物质之间的相互转化,以及各种元素化合物的特性与共性(表4-2-1)。

表 4-2-1

金属元素	Na	Al	Fe
单质	轻金属、有色金属	轻金属、有色金属	轻金属、黑色金属
颜色	银白色	银白色	银白色,粉末为黑色
氧化物	Na_2O、Na_2O_2	Al_2O_3	FeO、Fe_2O_3、Fe_3O_4
碱	$NaOH$	$Al(OH)_3$	$Fe(OH)_2$、$Fe(OH)_3$
盐类	Na_2CO_3、$NaHCO_3$	$KAl(SO_4)_2$	$FeCl_3$、$FeSO_4$
制取	Na(工)、$NaOH$(工)	Al(工)、$Al(OH)_3$(实)	Fe(工)、$Fe(OH)_2$(实)、$Fe(OH)_3$(实)
检验	Na^+	Al^+、AlO_2^-	Fe^{2+}、Fe^{3+}

注:(实)为实验室制法;(工)为工业制法。

教学实施建议

利用常见的金属单质及其化合物的教学,联系生产生活实际,创设情境,激发学生的学习兴趣;通过列举日常生活中常用的铝、铁制品,引导学生归纳金属单质及其化合物的主要性质,以及它们在生产、生活中的应用。可以采取情境教学法、任务驱动教学法、讲授法等,建议采用信息化教学手段,完成学习任务,达成教学目标,发展变化观念与平衡思想、现象观察与规律认知、实验探究与创新意识、科学态度与社会责任等化学学科核心素养。

课堂教学·讲究方法

一、关于金属单质的教学

1. 关于金属单质物理性质的教学

在已知的所有元素中,绝大部分是金属元素,它们在元素周期表中占据了大约 4/5 的位置。就物理性质而言,绝大多数金属在颜色、导电性、导热性、密度等方面具有一定的共性,在硬度及熔沸点上存在着较大的差异。

(1) 金属都具有一定的金属光泽,一般都呈银白色(教材中介绍的三种金属单质均为银白色),而少量金属呈现特殊的颜色。例如,金(Au)是黄色、铜(Cu)是红色或紫红色、铅(Pb)是灰蓝色、锌(Zn)是青白色等。有些金属处于粉末状态时,会呈现不同的颜色,如铁(Fe)和银(Ag)的单质在通常情况下呈银白色,但是粉末状的铁粉或银粉都呈黑色,这主要是由于颗粒太小,光不容易反射。

(2) 金属的延展性:大多数的金属(包括教材中介绍的三种金属单质)有延性(抽丝)及展性(压薄片);也有少数金属的延展性很差,如锰(Mn)、锌(Zn)等。

(3) 金属的导电性和导热性:金属一般都是电和热的良好导体。

(4) 金属的密度:大多数金属的密度都比较大,但有些金属的密度也比较小,如钠(Na)、钾(K)等能浮在水面上。

金属的硬度:有些金属比较硬,而有些金属比较软,如铁(Fe)、铝(Al)、镁(Mg)等都比较软,硬度最高的金属是铬(Cr)。

金属的熔点:有的金属熔点比较高,有的金属熔点比较低,钠的熔点为 97.72 ℃,铝的熔点为 660.32 ℃,铁的熔点为 1 538 ℃;熔点最低的金属是汞(Hg),熔点最高的金属是钨(W)。

2. 关于金属单质化学性质的教学

在教学过程中可以尝试使用实验探究的教学方法,教师可以设计和安排探究实验,让学生通过自主学习,培养动手能力和创新能力。

钠、铝、铁为金属活动性相差较大的几种金属,结合初中所学的金属活动性顺序表,通过观察实验现象,引导学生提出金属的共性,同时在共性中寻找差异性。如金属和水的反应,钠是快速反应,铝不反应,铁虽然可以发生反应但是反应条件比较复杂,此处可以选择钠和水设计学生实验;铝和水不反应,可以不进行实验直接用生活中的实例说明;铁和水的反应,反应条件复杂,时间较长,教师可以采用演示实验,或者播放实验视频的方式讲解。金属与水的反应现象不能简单地用金属活动性来解释,需要提升到这三种金属的特性。进一步通过金属与酸和碱的反应得出钠是典型的活泼金属,铝的主要性质体现在它的两性,铁是变价金属。教学中,应始终以落实立德树人根本任务为宗旨,发展化学学科核心素养,着力引导学生积极参与、主动思索。

二、关于金属化合物的教学

教师将化合物进行分类,并对一些重要化合物种类的化学通性进行一个较为全面的归纳和总结,有利于学生认识化合物间的关系,并关注其间的差异;还有利于学生把握事物变化的总体规律,并加深对化合物特性的理解。

本节主要是对钠、铝、铁三种重要金属的化合物的性质按照氧化物、氢氧化物和相应盐的顺序进行讲解。初中阶段学生对各类化合物的通性已有认识,因此在进行性质教学时,指导学生以各类化合物的通性为基础,用类比的方法展开研究,并在研究的过程中发现和认识一些物质的特性。例如在过氧化钠的教学中,初中学生已经知道碱性氧化物有"与水反应生成碱,与酸反应生成盐和水"的性质,教师在教学时就可以以此为基础指导学生进行类比探究:过氧化钠与水反应、与酸反应的情况是怎样的呢?在研究过程中,学生发现和认识到过氧化钠并不是碱性氧化物,进而认识它的性质。氧化铁、氧化亚铁、氧化铝的教学都可以采用这种方法进行,帮助学生形成在没有理论支持的条件下研究性质的方法。

在完成各个知识点的教学后,运用列表比较的方法,帮助学生理解各类金属化合物的性质规律。本节化合物种类多,对于同一类化合物的性质,运用比较法可以使知识结构清晰,得出它们的共同点和差异点,有利于学生掌握知识,发展宏观辨识与微观探析、科学态度与社会责任等化学学科核心素养。

例如金属氧化物的性质见表4-2-2。

表 4-2-2

金属氧化物	固体颜色	水溶性	与盐酸反应的化学方程式(注明溶液的颜色)
Na_2O	白色	溶	$Na_2O+2HCl=\!=\!=2NaCl+H_2O$(溶液无色)
FeO	黑色	不溶	$FeO+2HCl=\!=\!=FeCl_2+H_2O$(溶液浅绿色)
Fe_2O_3	红棕色	不溶	$Fe_2O_3+6HCl=\!=\!=2FeCl_3+3H_2O$(溶液黄色)
Al_2O_3	白色	不溶	$Al_2O_3+6HCl=\!=\!=2AlCl_3+H_2O$(溶液无色) 与氢氧化钠反应:$Al_2O_3+2NaOH=\!=\!=2NaAlO_2+H_2O$(溶液无色)

三、关于重要金属离子检验的教学

利用"观察与认知"栏目,激发学生对化学反应发光现象的兴趣,再引导学生观察几种金属或金属离子焰色反应的颜色,利用已经学过的化合物性质的相关知识,引导学生设计合理的实验方案,对含有 Fe^{3+} 的溶液进行鉴别(表4-2-3),注意观察操作,并指导学生总结鉴别反应的特点。发展现象观察与规律认知、实验探究与创新意识等化学学科核心素养。

表 4-2-3

离子	所用试剂	方法	现象	化学方程式
Fe^{3+}	NaOH 溶液	将 NaOH 溶液加入待测液中	生成红褐色沉淀	$FeCl_3+3NaOH === Fe(OH)_3\downarrow +3NaCl$
	KSCN 溶液	将 KSCN 溶液滴入待测液中	显血红色	$FeCl_3+3KSCN \rightleftharpoons Fe(SCN)_3+3NaCl$ 血红色

实践活动·注重策略

实践活动一

1. 以侯德榜、侯氏联合制碱法为对象,引导学生利用网络查阅资料,了解碱的制备方法的起源、发展和现状,了解侯氏制碱法对人类生产生活的深刻影响,增强民族自豪感,同时培养学生获取信息和加工信息的能力,发展科学态度与社会责任等化学学科核心素养。

2. 建议将 4~6 名学生分为一组,了解我国重化学工业的开拓者、近代化学工业的奠基人侯德榜(1890—1974)为祖国制碱工业冲破封锁而努力奋斗、勇于创新的事迹,探究我国自己的碱厂从无到有、从有到优的意义。强调团队合作,共同完成演讲稿,在班级进行交流。强调团队合作意识,增强学生的交流能力和信息获取能力,发扬艰苦奋斗、勇于创新的科学精神,发展科学态度与社会责任等化学学科核心素养。

实践活动二

1. 将所学金属元素与资源的开发和利用、环境保护和社会热点问题相联系,体现化学学科的社会价值和应用价值。同时让学生了解铁、铜等工业废液处理和资源回收的情况,提高学生的环保意识和节约资源的意识。

2. 首先,$FeCl_3$ 溶液可以蚀刻铜箔的原因是发生了氧化还原反应,氯化铁溶解铜生成氯化铜、氯化亚铁,这个反应在工业上有着广泛的应用。氯化铁溶液蚀刻铜箔反应的离子方程式为:$2Fe^{3+}+Cu === 2Fe^{2+}+Cu^{2+}$,因此在废液中会存在大量的 Fe^{2+} 和 Cu^{2+},如果不加以回收利用,会造成大量的浪费。然而,废液回收的过程不易(图4-2-2),因此应从源头上防止浪费,节约资源。

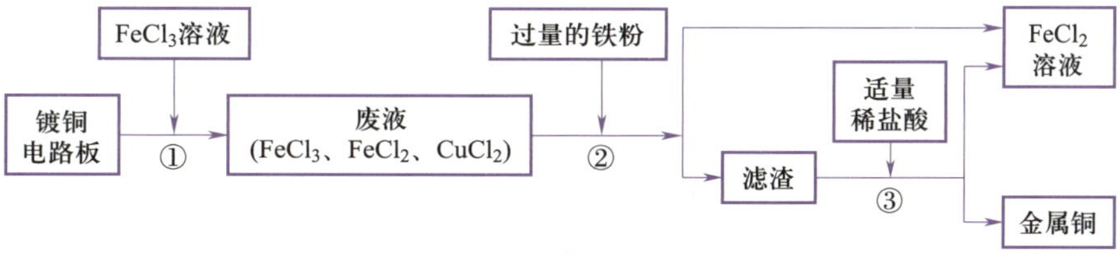

第二节 常见金属单质及其化合物 / 93

```
镀铜电路板 →① FeCl₃溶液→ 废液(FeCl₃、FeCl₂、CuCl₂) →② 过量的铁粉→ 滤渣 →③ 适量稀盐酸→ FeCl₂溶液 / 金属铜
```

图 4-2-2

3. 建议将 4~6 名学生分为一组，了解相关铁、铜等常见金属的回收利用状况，结合所学化学知识，引导学生从节约资源和保护环境等角度提出建议和意见，在班级进行交流。过程中强调团队合作意识，增强学生的交流能力和信息获取能力，树立安全意识、环保意识，自觉践行绿色发展理念，培养社会责任感，发展科学态度与社会责任等化学学科核心素养。

知识拓展·善用资源

我国钢铁的发展历程

我国的钢铁技术从无到有，经历了一个漫长的过程，在淬炼中不断创新进步。

我国已知用铁的最早时间是夏商时期，那时候的铁是来自天空落下的陨铁。春秋初期我国已经掌握了人工冶铁技术，出土于甘肃灵台的秦国铜柄铁剑是最好的证明，它也是我国最早的人工冶铁制品。在春秋战国之交时，我国正式进入铁器时代，标志着新一代社会生产力的形成，此时铁器逐渐取代铜器成为主要生产工具。西汉早期兴起了"百炼钢"技术和铸铁脱碳钢。到了西汉中期又出现了炒钢技术，这是继生铁冶铸之后，中国古代钢铁技术的又一重大发展。南北朝时期，我国出现了新的炼钢技术——灌钢，依此法炼造的宿铁刀，一下可砍断三十余块叠在一起的甲胄铁片。我国是世界上最早用煤冶铁的国家。在北宋时期，煤已经作为燃料被普遍使用。相比于木炭，煤可以克服木炭温度不能升得太高的缺点，并且用煤作为燃料可大大提高铁产量。明代中期的人们不仅懂得了炼焦，还用焦炭进行冶炼，用焦炭代替煤作燃料，就可以避免煤的缺点。

我国现代的钢铁行业快速发展，经过几代人的努力，我国钢铁产量已占全球产量的一半以上。

钢铁企业未来将朝着规模大、排放低、智能化的方向发展，目前我国钢铁企业全球化发展取得重大突破，钢铁技术领先全球。

教材参考答案

1. A 为 Na；B 为 NaOH；C 为 Na_2CO_3；D 为 NaCl。

A→C：$4Na+O_2 =\!=\!= 2Na_2O$；

B→C：$2NaOH+CO_2 =\!=\!= Na_2CO_3+H_2O$；

A 放入水中得到 B：$2Na+2H_2O =\!=\!= 2NaOH+H_2\uparrow$；

B 或 C 中加入盐酸得 D：$NaOH+HCl =\!=\!= NaCl+H_2O$ / $Na_2CO_3+HCl(少) =\!=\!= NaCl+NaHCO_3$；$Na_2CO_3+2HCl(足) =\!=\!= 2NaCl+H_2O+CO_2\uparrow$。

2. 铝锂合金具有强度高、密度低、各向异性好、热稳定性好等特性，同时具有良好的耐腐蚀性和适宜的延展性，是经过实际应用验证的重要材料，广泛应用于航空航天领域、海洋工程和船舶制造、汽车制造和电子工业。

3. （1）漏斗；玻璃棒；

（2）$AlO_2^- + CO_2 + 2H_2O =\!=\!= Al(OH)_3\downarrow + HCO_3^-$。

教学设计案例

课题名称	金属单质
教材分析	"金属单质"是高等教育出版社出版的《化学（加工制造类）》教材主题四"常见无机物及其应用"第二节第一学时的教学内容。在知识的安排上，本节内容承接上一节"常见非金属单质及其化合物"，在学生对于元素有了初步的认识之后，本节内容进一步对无机物中常见金属元素进行学习和研究。通过运用分类、比较的方法从整体上归类金属的化学性质，为后面金属化合物的学习打下基础
学情分析	**知识与能力基础：** 1. 学过金属活动性顺序表，知道钠是一种活泼金属，对于铝和铁的物理性质较为熟悉。 2. 通过以前探究实验的教学，学生具备一定的探究能力和操作能力，并能对产生现象的原因进行初步的分析和判断。 **心理特点：** 对化学实验和动手实践有着浓厚兴趣；喜欢团队合作并从中取得收获，得到他人认可；但对于理论学习感觉困难，兴趣不高
教学目标	1. 了解常见金属（Na、Al、Fe）的主要物理性质；通过微观层面分析金属（Na、Al、Fe）的原子结构，认识常见金属的化学性质。 2. 通过动手实验、小组交流、分享合作、科学探讨等多种形式，培养学生的观察能力和思维能力
核心素养	通过实验观察与分析，发展实验探究与创新意识等化学学科核心素养。 通过从金属元素的微观角度分析元素的化学性质，发展宏观辨识与微观辨析等化学学科核心素养
教学重点	常见金属单质的物理性质、化学性质及其应用
教学难点	常见金属单质的化学性质
教学方法	教法：情境教学法、任务驱动法； 学法：实验探究法、合作学习法

续表

	教学环节	教师活动	学生活动	设计意图
课前	课前准备	（1）分组、准备实验及导学案； （2）发布在线预习检测	（1）寻找生活中的Na、Al、Fe； （2）预习新课，完成课前预习检测	学生通过课前预习热身，熟悉本节课的学习内容，同时通过寻找生活中存在的金属，提高学生的学习热情。教师通过在线检测，了解学生的预习情况，以便调节教学策略
课中	环节一 新课引入	【魔术引入】 教师播放视频，展示"水能点火"魔术和"水变啤酒"魔术，提示魔术现象分别与两种常见的金属有关	【小组讨论】 猜测与两个魔术相关的金属和魔术原理	通过魔术导入，增加课堂趣味性，设置悬念，有助于激发学生的学习兴趣，使学生进入课堂气氛，从而引入新课
课中	环节二 钠、铝、铁的物理性质	【发现问题】 通过观察金属性状，同学们是否能分辨桌面上的钠、铝、铁？ 【知识讲解】 钠的物理性质：钠单质很软，具有银白色金属光泽，是热和电的良好导体。钠的密度比水小，比煤油大。 铝的物理性质：铝是银白色、具有金属光泽的固体，硬度较小，有良好的导电性、导热性和延展性。 铁的物理性质：纯铁具有银白色金属光泽，有良好的导电性、导热性和延展性。 【总结】金属的通性 教师通过投屏软件观察学生的实验情况，及时指出学生出现的问题	【看、闻、切】 通过看颜色、看性状、闻味道，感受金属的硬度，讨论三种金属的物理性质。 【书写结构】 写出钠和铝的原子结构，思考铁的原子结构。 【听讲总结】 听讲、对比总结并做好笔记。 完成实验	观察金属性状，培养观察能力、实验能力，提高科学探究能力

续表

教学环节	教师活动	学生活动	设计意图
课中 环节三 钠、铝、铁的化学性质	【任务一】 　　探究钠、铝、铁是否能和金一样在空气中稳定存在。 【知识讲解】 　　钠在常温下就会与氧气发生反应生成白色的氧化钠,请同学们写出金属钠与氧气反应的化学方程式。 　　引导学生根据氧化还原反应写出铝和铁在空气中被氧化的化学方程式。 【任务二】 　　提出问题:钠在空气中会与氧气反应生成氧化钠,如果加热会发生什么反应?也会生成白色的氧化钠吗?现象与在空气中自然氧化有何不同? 【知识讲解】 　　钠在空气中加热生成的淡黄色固体为过氧化钠(Na_2O_2),请同学们通过钠的化合价分析氧元素的化合价。写出金属钠与氧气反应的化学方程式。	【自主探究一】 　　钠与氧气反应:新切开的钠块表面的银白色很快变暗,这是由于钠与氧气在常温下发生反应,在钠的表面生成了一层氧化钠。铝和铁表面没有明显的变化,但是铝表面也有一层氧化膜,时间长了铁表面也会被空气氧化。 　　学生通过导学案预习知道了金属原子容易失去最外层电子,具有还原性,氧气作为氧化剂,根据氧化还原反应中有升必有降的规律,写出化学方程式: 　　$4Na+O_2 =\!=\!= 2Na_2O$ 　　$4Al+3O_2 =\!=\!= 2Al_2O_3$ 　　$4Fe+3O_2 =\!=\!= 2Fe_2O_3$ 【自主探究二】 　　设计实验方案:用小刀切下一小块钠放入坩埚中,用酒精灯进行加热。通过实验,观察得出: 　　1. 加热后钠块熔化说明钠的熔点低。 　　2. 钠的火焰为黄色。 　　3. 生成的固体是淡黄色的。 　　写出化学方程式: 　　$2Na+O_2 \xrightarrow{\triangle} Na_2O_2$ 　　$4Al+3O_2 \xrightarrow{点燃} 2Al_2O_3$ 　　$4Fe+3O_2 \xrightarrow{点燃} 2Fe_2O_3$ 【得出结论】 　　化学反应除了与反应物有关外,还与反应条件有关。反应物相同时,反应条件不同,反应产物也可能不同。	通过自主分析完成一系列难度具有梯度性的任务能够提升学生分析问题、解决问题的能力。同时给学生自己动手和自由思考的空间,调动学生的学习积极性,让学生合作设计实验方案,完成任务,培养学生的探究能力与创新能力

教学环节		教师活动	学生活动	设计意图
课中	环节三 钠、铝、铁的化学性质	【任务三】 魔术揭秘——用水点火的秘密是因为水遇到了钠,产生大量的热,进而钠燃烧。 钠和水发生了怎样的反应?写出化学方程式。 【任务四】 铝的两性:金属铝能和酸反应放出氢气,能否和碱也发生反应? 区别铝与其他金属的不同,明白两性的含义	【自主探究三】 向一个盛有水的小烧杯里滴入几滴酚酞试液,然后将黄豆粒大小的钠块投入小烧杯中。 记录反应的现象,猜测反应的产物,写出化学方程式: $2Na+2H_2O = 2NaOH+H_2\uparrow$ 写出铁与水在高温下发生反应的化学方程式: $3Fe+4H_2O \xrightarrow{\text{高温}} Fe_3O_4+4H_2$ 【自主探究四】 将打磨后的铝片分别放入 HCl、NaOH 溶液中,观察并记录实验现象:铝片溶解,有气泡产生。 记录反应的现象,猜测反应的产物,写出化学方程式: $2Al+6HCl = 2AlCl_3+3H_2\uparrow$ $2Al+2NaOH = 2NaAlO_2+H_2\uparrow$	
	环节四 拓展应用	【提出问题】 铝在生活中除了制作炊具、电线、电缆等,还有一个重要的用途,就是焊接铁轨。 【播放视频】焊接铁轨 引导学生写出铝热反应的化学方程式	【观看视频,思考】 铝是如何焊接铁轨的?结合铝的还原性和铝转换为氧化铝放出大量的热来思考。 $2Al+Fe_2O_3 \xrightarrow{\text{高温}} Al_2O_3+2Fe$	充分联系生活,体现化学与生活的密切相关
	环节五 总结评价	1. 总结钠、铝、铁的物理性质和化学性质。 2. 发布课堂练习。 3. 评价课堂表现及练习情况	完成课堂练习,发现问题,查漏补缺	总结有助于学生对新的知识点及时巩固,评价环节有助于增加团队之间的竞争力,激发学生的学习兴趣

续表

教学环节		教师活动	学生活动	设计意图
课后	课后提升	引导学生回馈生活，服务社会	作业一：完成课后练习，总结反思本课内容，反馈给教师。作业二：以小组为单位查找资料，了解金属材料在各行各业的应用，交流学习	将课堂延续至课下，课内延续至课外，全面提升学生的专业素质

教学评价：

1. 通过课前、课堂和课后提升，进行各阶段的评价。
2. 通过自评、互评、教师评，形成多元评价。

教学反思：

本堂课利用了信息化的手段，模拟化学反应，学生在更清楚地观察到实验现象的同时，又避免了危险性较大的实验带来的风险。上课过程中学生的兴趣较高，课堂效果较好。不足之处是，学生自主设计探究的内容较少，知识点的转变较快。实验内容较多所以对于学生核心素养的养成方面没有太多关注。以后的上课过程中要扎实研究化学知识的连贯性，挖掘化学知识中所蕴含的科学思想和方法，进一步提高化学课堂的教学质量。

教学评价反思

通过本主题教学，您有哪些收获和不足，请填入表中。

节	重点、难点把握	核心素养培育	学生积极性调动	教学设计亮点	信息化手段应用	教学效果	其他
常见非金属单质及其化合物							
常见金属单质及其化合物							

主题五

简单有机化合物及其应用

课程标准要求

节	内容要求	学时分配建议（共 12 学时）
有机化合物的特点和分类	认识有机化合物，知道有机化合物分子具有空间结构，了解有机化合物的特点、分类及常见的官能团	1
烃	认识有机化合物分子中碳原子的成键特点；知道有机化合物存在同分异构现象；了解烷烃的系统命名方法；认识烃类的结构特点，理解甲烷、乙烯、乙炔、苯等的主要性质及在生产、生活中的重要应用；理解官能团与有机化合物性质的关系，知道氧化、加成、取代、聚合等有机反应类型	5
烃的衍生物	认识卤代烃、醇、酚、醛、羧酸等烃的衍生物的结构特点和官能团，了解溴乙烷、乙醇、苯酚、乙醛、乙酸等烃的衍生物的主要性质及在生产、生活中的重要应用；知道消去反应、酯化反应，进一步了解氧化、加成、取代、聚合等有机反应类型；知道有机化合物之间在一定条件下是可以相互转化的	5
学生实验：重要有机化合物的性质	通过乙醇与活泼金属的反应、乙醇的还原性，苯酚的弱酸性测试、取代反应和显色反应，乙醛的费林反应和银镜反应，乙酸的酸性和酯化反应等实验，了解乙醇、苯酚、乙醛、乙酸等重要有机化合物的主要性质；养成规范操作、细心观察、如实记录等实验室工作习惯，树立安全意识。发展实验探究与创新意识等化学学科核心素养	1

第一节　有机化合物的特点和分类

教材内容三析

解析·编写思路

人类的衣食住行都离不开有机化合物,环境、能源、材料、生命过程也和有机化学密切相关。学习和认识有机化合物对于培养学生综合素质,提升科学素养具有重要意义。

教材从生活中常见的有机化合物出发,激发学生的求知欲,使学生抱着强烈的好奇心、积极的探索欲进入"有机化合物的特点和分类"的学习。在此基础上,教材通过"观察与认知"栏目,使学生从身边接触的种类不同的无机化合物和有机化合物出发,用实验的方法来了解无机化合物和有机化合物的不同之处,初步认识有机化合物的特点。从已有的原子核外电子排布和化学键的知识出发,抽丝剥茧、层层递进,引导学生思考有机化合物中碳原子的成键特点,并以此为基础搭建常见简单有机化合物的分子模型。通过观察,引导学生用归纳的方法总结出有机化合物结构简式和键线式的写法,并能概括出这几种表示方法的特点。教材从获得个别事物的知识出发,概括出同类事物的普遍性知识。再通过演绎法将归纳所得的一般结论推广到未知的事实,并用这些事实来检验结论的正确与否,符合学生的认知规律。

分析·教学内容

一、地位和作用

本节是有机化学的起点,是在原子结构、化学键以及无机化合物知识的基础上,以种类繁多、性质各异的有机化合物为研究对象,是基础模块后续教学内容的基础,具有承上启下的作用。

二、与核心素养之间的联系

本节内容主要分为三个部分:有机化合物的定义、有机化合物的特点、有机化合物的分类。

有机化合物可以按碳的骨架分类也可以按官能团分类。有机化合物分子中决定其化学特性的原子或原子团称为官能团,有机反应一般发生在官能团上,具有同一官能团的有机化合物

一般具有相同或相似的化学性质,符合化学中"结构决定性质,性质反映结构"的理念。发展现象观察与规律认知、宏观辨识与微观探析等化学学科核心素养。

剖析·重点难点

本节的教学重点主要有有机化合物的特点、常见的官能团。

与无机化合物相比,有机化合物一般具有(1)种类多;(2)易燃、热稳定性差;(3)熔点低;(4)多数不溶或难溶于水,易溶于有机溶剂;(5)反应速率慢,副反应多等特点。但并不是所有的有机化合物都具有以上特点,如乙醇可以和水以任意比例互溶等。

对于常见的官能团学生要记住并加以区分,特别是羰基与醛基、羧基、酯基、酰基等的区别。

本节的教学难点主要有有机化合物结构的表示方法,基团与官能团的辨析。

有机化合物种类繁多,通常可用结构式、结构简式及键线式表示有机化合物的结构。

基团与官能团的辨析见表 5-1-1。

表 5-1-1

内容	基团	官能团
区别	有机化合物分子里含有的原子或原子团	决定有机物特殊性质的原子或原子团
联系	"官能团"属于"基团",但"基团"不一定是"官能团",如甲基不是官能团	

根是指带电荷的原子或原子团,是电解质解离的产物,可以独立存在于溶液中或熔融状态下。"根"与"基团"两者可以相互转化,如 1 个 OH^- 有 10 个电子,失去 1 个电子,可转化为—OH,而 1 个—OH 有 9 个电子,获得 1 个电子可转化为 OH^-。

📖 教学实施建议

有机化合物是碳氢化合物及其衍生物的总称,教师可以以日常生活中常见的有机化合物为例,引导学生认识有机化合物,了解有机化合物的特点及分类,认识官能团与有机化合物特点及性质的关系。通过模型展示,引导学生认识甲烷的结构,建立有机化合物分子空间结构的概念。教师可以采取情境教学法、讲授法等,建议采用信息化教学手段,充分利用教材中的栏目组织学习活动,通过引导学生完成四个"观察与认知"栏目,完成学习任务,发展化学学科核心素养。

课堂教学·讲究方法

一、关于有机化合物的定义的教学

从教材中的"情境与问题"栏目出发,首先以倡导绿色出行,使用共享单车为切入点,引导学生讨论共享单车的哪些部分使用了有机化合物,和学生一起判断学生的答案是否正确。接着引导学生学习有机化学的发展史,使学生对人类认识有机化合物的历程有一定的了解。引导学生明白"有机化合物"一词是相对于"无机化合物"而言的,引出有机化合物相对确切的定义。在学习有机物的概念时,要注意"含碳"的相对性:(1)并非所有含碳物质都是有机物,有些含碳物质因组成和性质跟无机物很相近而划为无机物,如碳的单质、碳的氧化物、碳酸及其盐、硫氰化物及金属碳化物等;(2)有机化合物中除了含碳元素外,通常还有氢、氧、氮、硫、磷、卤素等元素。在教学过程中教师应注意理论联系实际,从生活中的常见物质出发,吸引学生兴趣,引导学生积极参与、主动思索。

二、关于有机化合物特点的教学

在这部分教材设置了四个"观察与认知"栏目来帮助学生掌握有机化合物的性质和结构特点。

1. 选取生活中常见的无机化合物和有机化合物,进行加热、燃烧、置于水中和煤油中观察现象,引导学生概括相对于无机化合物而言,有机化合物具有的性质特点。但教师应注意强调,并非所有的有机化合物都一定具有上述性质特点。

2. 通过观察碳的原子核外电子排布和原子结构示意图,引导学生推测形成有机物时,碳原子可以形成4个共价键。

3. 让学生动手搭建甲烷、乙烯、乙炔的分子模型,可以让他们知道碳原子不仅可以和其他原子形成共价键,碳原子彼此之间也可以形成碳碳单键、碳碳双键和碳碳三键,碳原子链不仅可以是链状的,也可以是环状的。

4. 引导学生观察有机化合物的结构式、结构简式、键线式,概括出各自的写法及特点。

在这一过程中要充分发挥学生的观察能力、动手能力以及概括能力,发展现象观察与规律认知、实验探究与创新意识等化学学科核心素养。

三、关于有机化合物分类的教学

有机化合物的种类繁多,如何对数量巨大的有机化合物进行分类就变得非常重要。教师可以通过制作有机化合物分类的微课,让学生主动、灵活地学习,同时根据老师的指导高效地掌握学习内容。教师提供趣味的知识背景,让学生对于有机化合物名称的由来有一定的了解,能理解两种分类法的优点和缺点。教材中多种官能团的名称需要学生理解,教师可以通过设计几个常见的官能团连线,加深学生对有机化合物结构的认识。有机化合物分类规律也要引导学生发现并总结,此过程可以培养学生总结、归纳的能力。使学生进一步建立"结构决定性质"的观念,发展宏观辨识与微观探析等化学学科核心素养。

知识拓展·善用资源

一、第一个人工合成的有机物——尿素

尿素,又称脲、碳酰胺,分子式是 CH_4N_2O,是由碳、氮、氧、氢组成的有机化合物,是一种白色晶体。尿素是最简单的有机化合物之一,是哺乳动物和某些鱼类体内蛋白质代谢分解的主要含氮终产物。

1773 年,罗埃尔发现了尿素。1828 年,德国化学家维勒首次使用无机物合成了尿素,打破了只能从有机化合物中取得有机化合物的观念,揭开了人工合成有机化合物的序幕。

二、酒石酸

酒石酸,即 2,3-二羟基丁二酸,是一种羧酸,分子式为 $C_4H_6O_6$。酒石酸存在于多种植物中,也是葡萄酒中主要的有机酸之一。

酒石酸盐对建立有机立体化学起了重要作用。1769 年,舍勒首次从葡萄汁的发酵液内得到游离的无色酒石酸结晶。它的各种立体异构体和外消旋体具有不同的物性。自然界存在的酒石酸多为右旋体,葡萄汁和其他浆果汁中尤多,故酒石酸又称果酸。将丁烯二酸控制氧化产生的酒石酸以石灰乳处理,生成酒石酸钙,再酸化则得到内消旋体。1848 年,法国化学家巴斯德从事酒石酸钠铵结晶学研究工作时,观察到无旋光性的酒石酸钠铵是由二种不同结晶组成的混合物,它们的外形互为镜像关系,实际上是外消旋体。他用放大镜和镊子将混合物细心分成小堆。一堆是右旋体晶体,一堆是左旋体晶体。两堆晶体溶于水溶液都有旋光性。巴斯德首次发现了分子的立体异构和旋光性的关系,提出了对映异构概念,为有机立体化学的发展奠定了基础。

教材参考答案

1. 用乙醇等有机溶剂清洗。
2. D。
3. (1) C;(2) $C_6H_8O_7$,羟基,羧基;(3) 链状化合物,羧酸。

第二节 最基础的一类有机化合物——烃

解析·编写思路

化石能源是全球消耗的最主要的能源,它包含的天然资源有煤炭、石油和天然气。其中天然气的主要成分是甲烷。烃与化石能源关系密切,学习烃类有机化合物有助于培养学生的综合素质,树立他们的安全意识、环保意识,自觉践行绿色发展理念。

教材从金属管道焊接时用到的气焊出发创设情境,激发学生的兴趣,从而引出烃类化合物的学习。教材设置了八个"观察与认知"栏目,例如:通过观察甲烷的分子结构和模型,让学生认识甲烷的结构;通过观察甲烷和氯气在光照条件下及室温下黑暗处的反应现象,引导学生总结出取代反应的条件;通过观察乙烯和乙炔与酸性高锰酸钾溶液的反应,以及点燃乙烯、乙炔气体观察反应现象,引导学生完成乙烯、乙炔性质的比较。这些栏目的设置旨在发展宏观辨识与微观探析、现象观察与规律认知等化学学科核心素养。教材通过设置"实验与探究"栏目比较甲烷、乙烯与溴的四氯化碳溶液、酸性高锰酸钾溶液反应,引导学生得出饱和链烃和烯烃性质的不同,通过比较点燃甲烷和乙烯的不同之处,引导学生得出含碳量不同实验现象不同的结论,发展实验探究与创新意识等化学学科核心素养。教材通过设置"实践活动"栏目,引导学生以小组为单位,查阅资料,以"远离有害烟雾、保障大众健康"为题,制作一期展板,提出防护建议、进行科普宣传,发展科学态度与社会责任等化学学科核心素养。

分析·教学内容

一、地位和作用

本节是"最基础的一类有机化合物——烃",从最简单的甲烷开始,到特殊的碳氢化合物——苯。由饱和链烃到不饱和链烃再到芳香烃,符合学生的认知规律。从有机化合物的结构开始介绍,再介绍性质和用途,体现了"结构决定性质,性质决定用途"的化学观念,为后续学习烃的衍生物打下基础。

二、与核心素养之间的联系

本节内容主要分为四个部分：最简单的有机化合物——甲烷、衡量石油化工水平的物质——乙烯、切割和焊接金属的燃料——乙炔、一种特殊的碳氢化合物——苯。

以第一部分甲烷为例进行介绍。第一部分甲烷通过观察甲烷的分子结构模型，发现甲烷是正四面体结构，四个碳氢键完全一致。联系无机化学的知识，引导学生发现白磷、氨气、金刚石、二氧化硅都是正四面体结构。正四面体拥有四条三重旋转对称轴，六个对称面，每两条对边都是相互垂直的。发展现象观察与规律认知、宏观辨识与微观探析等化学学科核心素养。

剖析·重点难点

本节的教学重点主要有烃的结构特点及主要性质。

常见烃的结构特点见表 5-2-1。

表 5-2-1

名称	甲烷	乙烯	乙炔	苯
结构特点	正四面体	平面	直线	正六边形

甲烷能发生氧化反应和取代反应；乙烯、乙炔能发生氧化反应、加成反应、聚合反应，能使酸性高锰酸钾溶液和溴水褪色；苯的主要性质表现为易取代、能加成、难氧化。

本节的教学难点主要有同分异构现象，烃的结构与化学性质之间的关系，氧化反应、加成反应、取代反应、聚合反应等有机反应。

同分异构体因结构不同性质也存在差异。

甲烷是一种饱和烃，特征反应为和卤素单质发生取代反应；乙烯、乙炔为不饱和烃，特征反应为加成反应和聚合反应；苯为芳香烃，能发生加成反应和取代反应；甲烷、乙烯、乙炔、苯都能燃烧，但只有乙烯和乙炔可以被酸性高锰酸钾溶液氧化，可以使溴水褪色，甲烷和苯不能。

教学实施建议

烃是一种有机化合物，只由碳和氢组成，包含了烷烃、烯烃、炔烃、环烃及芳香烃，是许多其他有机化合物的基体。通过分析和比较甲烷、乙烯、乙炔和苯的结构特点，引导学生了解它们的化学性质及应用，形成有机化合物的结构决定其性质的观念。注意引导学生用球棍模型模拟旧化学键的断裂和新化学键的形成。可采取任务驱动教学法、讲授法等，建议采用信息化教学手段，充分利用教材的栏目组织学习活动，引导学生自主探究和小组合作，完成学习任务，发展化学学科核心素养。

课堂教学·讲究方法

一、关于最简单的有机化合物——甲烷的教学

甲烷作为最简单的有机物，在学习甲烷的结构时，学生第一次接触到了空间结构这一概念，而空间结构又是认识有机化合物分子结构的重要内容，所以需要通过甲烷的学习帮助学生建立起这一概念。教师讲解完甲烷的键长参数后，向学生展示课前的拼装图片，让学生找出其中正确的图片。引导学生利用数据，慢慢形成层层深入的思维结构。利用仿真软件展示甲烷的球棍模型和比例模型，并利用3D功能引导学生全方位观察甲烷的结构，指导学生写出甲烷的分子式、结构式和电子式。加深学生对甲烷空间结构的理解和记忆。最后利用模型，再次拼装甲烷分子模型，让学生加深印象。将甲烷抽象的空间结构可视化，让学生认识化学微观世界分子结构的立体美，突破重难点，为甲烷性质的学习打下良好的基础，发展现象观察与规律认知等化学学科核心素养。

二、关于衡量石油化工水平的物质——乙烯的教学

一般来说，在课堂上制取乙烯并进行性质验证存在困难。在这一环节建议使用虚拟化学实验室软件，让学生选择实验试剂和仪器，正确连接装置后，观察实验现象，得出结论。使每个同学都能参与到实验中来，发挥学生的主观能动性，提高课堂效率，节约资源，避免实验过程中的危险。之后播放乙烯与溴水加成的演示动画，让学生用球棍模型模拟旧化学键的断裂和新化学键的形成，学生通过自己动手断裂双键形成新的单键，更能加深他们对反应原理的理解，发展宏观辨识与微观探析等化学学科核心素养。

三、关于切割和焊接金属的燃料——乙炔的教学

通过乙烯的学习，学生已经知道了不饱和烯烃可以使酸性高锰酸钾溶液褪色。引导学生预测乙炔是否也可以使酸性高锰酸钾溶液褪色，并设计实验证明。结合教材"观察与认知"栏目，引导学生进行实验，发现乙炔也容易被强氧化剂氧化，并能在空气中燃烧，火焰非常明亮且伴有浓烟，也能使酸性高锰酸钾溶液褪色。在培养学生观察能力的同时也让学生注意到知识之间的联系与区别。这一过程让学生进一步掌握不饱和烃的性质特点，并且树立"从个别到一般，从特殊到普遍"的认识观。讲述乙炔在氧气中燃烧非常剧烈，火焰温度可以达到3 000 ℃，让学生思考乙炔的这个性质具有哪些用途，呼应本节课的主题。加深学生对"性质决定用途"的理解，发展宏观辨识与微观探析等化学学科核心素养。

四、关于一种特殊的碳氢化合物——苯的教学

学生已经学过取代反应,在这一节内容里,教材设置了两个"观察与认知"栏目来讲解苯的取代反应。引导学生仔细看第一个"观察与认知"栏目的实验试剂、装置、反应条件,可以发现,虽然甲烷和苯都可以和卤素发生取代反应,但所需要的条件是不一样的,甲烷需要光照,苯不用光照而需要催化剂。通过第二个"观察与认知"栏目可以发现苯在浓硫酸的作用下水浴加热到 60 ℃ 左右,可以和硝酸发生硝化反应,最后讲授苯和浓硫酸在一定条件下反应成苯磺酸,这一取代反应称为磺化反应。通过和甲烷取代反应的比较,引导学生发现苯有饱和烃的性质,但又有所不同。加深了学生对苯特殊结构的理解,以及"结构决定性质,性质反映结构"的观念。使学生体会结构与性质的辩证关系,发展现象观察与规律认知、实验探究与创新意识等化学学科核心素养。

实践活动·注重策略

1. 以国产 C919 大型客机为对象,引导学生上网查阅资料,了解我国科技领域重大成果,明白自主创新和技术突破的重要性,增强学生民族自豪感。建议将 4~6 名学生分为一组,上网查阅资料,了解 C919 大型客机发展历程中的里程碑节点;航空煤油的主要成分、优点以及与航空汽油在制造工艺、成分上的区别;航空汽油和车用汽油、柴油的区别。制作演示文稿在班级交流。通过实践活动,让学生在了解我国科技领域重大成果的过程中,增强民族自信心,发展科学态度与社会责任等化学学科核心素养。

2. 乙烯作为石油化工行业重要的基础原料,它的产量常用来衡量一个国家的石油化工水平。将 4 名学生分为一组,引导他们查阅资料,制作"乙烯与加工制造"科普展板。学生通过此活动不仅能够了解乙烯的生产技术及其用途,还和专业相结合,让学生了解所学知识在专业领域的应用。这一过程能够培养学生获取信息、整合信息的能力,发展科学态度与社会责任等化学学科核心素养。

3. 苯及含有苯环结构的物质对人的神经系统和造血器官具有一定的毒害作用,尤其稠环芳香烃是强烈的致癌物质。香烟燃烧和树叶、秸秆不完全燃烧时产生的烟雾中含有多种稠环芳香烃。引导学生上网查阅相关资料,进行"远离有害烟雾、保障大众健康"的科普宣传。这一实践活动让学生在自主查阅资料的过程中了解到生活中可能接触苯或含有苯环结构的物质的方式,了解它们对环境和人类健康可能产生的危害。引导学生明白,化学在造福人类的同时如不善加利用也会给人类带来危害,要学会用辩证的眼光来看待问题。同时让学生了解我国有关控烟、禁止燃烧作物秸秆的法律法规,提高学生的法治意识,发展科学态度与社会责任等化学学科核心素养。

知识拓展·善用资源

一、苯的发现及发展史

在 19 世纪初期,法拉第(图 5-2-1)用蒸馏的方法将制备煤气后剩余的油状液体进行分离,得到了苯。法拉第测定了苯的一些物理性质和它的化学组成,阐述了苯分子的碳氢比为 C∶H=1∶1,实验式(最简式)为 CH。

图 5-2-1

1833 年,科学家确定了苯分子中 6 个碳和 6 个氢原子的实验式(C_6H_6)。

1845 年,德国化学家霍夫曼从煤焦油的轻馏分中发现了苯,他的学生随后进行了加工提纯。后来他又发明了结晶法精制苯。他还进行苯的工业应用的研究,开创了苯的加工利用途径。

1861 年,化学家洛斯密德首次提出了苯的单、双键交替结构,但他的成果未受到重视。

1865 年,凯库勒(图 5-2-2)在论文《关于芳香族化合物的研究》中,再次确认了苯的结构,因此,苯的这种结构被命名为"凯库勒式"( )。

图 5-2-2

后来经过反复的实验和研究,科学家们发现苯环上碳与碳之间的键是没有差别的,每一个键都相同,这种特殊的键称为大 π 键,也给出了苯环的新结构(⬡)。但目前,凯库勒结构仍然在沿用。

二、聚丙烯

聚丙烯,是丙烯通过聚合反应生成的聚合物。聚丙烯是白色蜡状材料,外观透明而轻。化学式为$(C_3H_6)_n$,密度为 $0.89\sim0.91\ g/cm^3$,易燃,熔点为 189 ℃,在 155 ℃ 左右软化,使用温度范围为 $-30\sim140$ ℃。聚丙烯在 80 ℃ 以下能耐酸、碱、盐溶液及多种有机溶剂的腐蚀,能在高温和氧化作用下分解。

聚丙烯是一种性能优良的热塑性合成树脂,为无色半透明的热塑性轻质通用塑料。它具有耐化学性、耐热性、电绝缘性、高强度机械性能和良好的高耐磨加工性能等,这使得聚丙烯材料自问世以来,便迅速在机械、汽车、电子电器、建筑、纺织、包装、农林渔业和食品工业等众多领域得到广泛的应用。而且因为聚丙烯具有可塑性,它正逐步替代木制产品,其高强度韧性和高耐磨性能也已逐步取代金属的机械功能。另外聚丙烯具有良好的接枝和复合功能,在混凝土、纺织、包装和农林渔业方面具有巨大的应用空间。

教材参考答案

1. C
2. C
3. (1) 在使用焊炬之前,必须检查所有设备,乙炔发生器、氧气瓶及橡胶管必须完好,接头、阀门及紧固件应紧固牢靠,不能有松动、破损和漏气等现象。

    (2) 压力容器及压力表、安全阀,应按规定定期送交有关部门进行校验、检查。

    (3) 氧气瓶、乙炔气瓶与明火的距离应在 10 m 以上,如有条件限制也不能小于 5 m,并要采取有效的隔离防护措施。

第三节 烃的衍生物

 教材内容三析

解析·编写思路

烃的衍生物种类很多,应用广泛。如乙醇、乙酸分别是酒和食醋的成分,又是重要的有机化工原料;浸制生物标本用的"福尔马林"是甲醛溶液;手套、某些食物的保鲜纸是聚氯乙烯等。因此学习常见的烃的衍生物很有必要。从知识的内在联系看,本节既是前面烃的知识的延续和发展,又为后续学习糖类、蛋白质等打好基础。

教材从"75%的酒精是医疗上常用的消毒剂"引入,引起学生兴趣后再展开烃的衍生物的学习。教材设置了大量"观察与认知"栏目,如:观察乙烷和溴乙烷的球棍模型、结构式和结构简式,观察乙烷与乙醇的球棍模型和结构式,观察苯和苯酚的球棍模型和结构简式等,通过引导学生观察和比较,发展宏观辨识与微观探析等化学学科核心素养。通过引导学生观察溴乙烷与氢氧化钠的水溶液和醇溶液反应、乙醇与钠反应、苯酚溶液与氢氧化钠溶液反应等实验现象,发展现象观察与规律认知等化学学科核心素养。教材还设置了"实验与探究"栏目,通过引导学生比较相同浓度盐酸、乙酸、苯酚的pH,比较它们与锌粒及碳酸氢钠粉末的反应现象来判断三种物质的酸性,发展实验探究与创新意识等化学学科核心素养。教材通过设置"实践活动"栏目,如让学生以小组为单位,查阅资料,以"交通安全文明行"为题,制作展板,在社区进行宣传教育等活动,发展科学态度与社会责任等化学学科核心素养。设置烃的含氧衍生物的性质实验,进一步发展实验探究与创新意识等化学学科核心素养。"化学与强盛中国"栏目介绍了我国成为世界上第四个具有百万吨级乙烯"三机"设计制造能力的国家,培养学生的民族自豪感,将思政元素有效融入化学课程的教学中。

分析·教学内容

一、地位和作用

本节是在学生学习了烃及其衍生物之后,在对碳氢化合物,氧化、加成、取代、聚合等有机反应类型有了一定的了解的基础上展开来的。烃的衍生物为烃中的氢原子被其他原子或原子

团所取代后衍生出一系列新的化合物,化学性质主要由其官能团所决定。在生活中有着广泛的应用,是有机化学的重要内容。

二、与核心素养之间的联系

本节内容主要分为五个部分:溴乙烷、乙醇、苯酚、乙醛、乙酸。

以乙酸的性质为例,通过前面的学习,学生知道了乙醇、乙醛、乙酸之间互相转化的方法,也知道了乙酸具有酸性,且酸性比碳酸强。指导学生查阅资料,用生物发酵的方法在家里制备醋酸,并利用酿造的醋酸,清洗家里有水垢的器具。发展实验探究与创新意识等化学学科核心素养。

剖析·重点难点

本节的教学重点主要有卤代烃、醇、酚、醛、羧酸等烃的衍生物的结构特点及化学性质(表 5-3-1)。

表 5-3-1

名称	官能团	能发生的化学反应
卤原子	—X	消去反应、取代反应
羟基	—OH	取代反应、消去反应
醛基	$\overset{O}{\underset{\|}{-C-H}}$	氧化反应、还原反应
羧基	$\overset{O}{\underset{\|}{-C-OH}}$	酯化反应

本节的教学难点主要有烃的衍生物的化学性质和官能团之间的关系、消去反应、酯化反应。

卤代烃的官能团为卤素原子,其主要的化学反应发生在卤素原子上,卤素原子可以被其他原子或原子团取代;卤素原子可以和其相邻碳原子上的氢原子一起脱去卤化氢而生成不饱和化合物。乙醇的官能团为羟基,羟基的氢原子可以和活泼金属发生取代反应;羟基可以发生氧化反应、消去反应。苯酚的官能团是酚羟基,酚羟基上的氢可以发生微弱的解离,所以苯酚表现出弱酸性;受酚羟基影响,苯酚分子中苯环上的氢原子容易被溴原子取代,发生取代反应;苯酚也可以发生氧化反应及显色反应。乙醛的官能团是醛基,醛基既可以发生还原反应也可以发生氧化反应,和银氨溶液的反应及和费林试剂的反应是醛基的特征反应。乙酸的官能团是羧基,羧基上的氢原子可以发生解离,所以乙酸表现出酸性;乙酸可以和醇发生酯化反应。

教学实施建议

烃分子中的氢原子被其他原子或者原子团所取代,衍生出的一系列有机化合物称为烃的衍生物。通过分析和比较溴乙烷、乙醇、苯酚、乙醛和乙酸的结构特点,引导学生了解溴乙烷、乙醇、苯酚、乙醛和乙酸的化学性质及应用,形成有机化合物"结构决定性质"的观念,并注意利用"化学与强盛中国"栏目激发学生的爱国热情,可以采取情境教学法、任务驱动教学法、实验探究法、讲授法等,建议采用信息化教学手段,充分利用教材中的栏目组织学习活动,引导学生自主探究和小组合作,完成学习任务,发展宏观辨识与微观探析、现象观察与规律认知、实验探究与创新意识、科学态度与社会责任等化学学科核心素养。

课堂教学·讲究方法

一、关于溴乙烷的教学

卤代烃是重要的烃的衍生物,可以发生取代反应和消去反应,是有机合成中常用的中间体,其本身也有重要的用途。通过教材"观察与认知"栏目所呈现的实验方法,引导学生观察和取代反应不同,消去反应需要在氢氧化钾的乙醇溶液中进行。学生观察实验现象可知有可以用排水法收集的气体及可以使酸性硝酸银溶液产生淡黄色沉淀的离子生成。结合已经学习的知识,学生可以很明确地认识到该反应有 Br^- 生成,再引导学生设计实验来鉴别产生的气体是什么。这一过程可以激发学生的学习兴趣,使其产生强烈的好奇心、求知欲,同时培养学生思考问题、分析问题、解决问题的能力。接着引导学生写出溴乙烷消去反应的化学方程式,再讲述消去反应的实质,最后引导学生概括消去反应发生的条件。整个过程让学生通过溴乙烷中 C—X 键的结构特点,结合消去反应和前面学习的水解反应,体会有机化合物结构和性质的关系,充分发挥学生的主观能动性。

二、关于乙醇的教学

乙醇的官能团是羟基,其主要的化学性质由羟基所决定。教材"观察与认知"栏目设置了对比实验,即钠和乙醇、水的反应。该反应有气体产生,经过观察气体点燃时火焰的颜色和气体燃烧产物遇澄清石灰水的现象可以验证该气体为氢气。通过等效类比思想,由钠与水的化学反应式类比得出钠与乙醇的化学反应式。引导学生从已知推导未知,在此过程中给予适当的鼓励,帮助学生建立自信,充分调动学习的主动性。在此过程中还明确了羟基官能团的作用,加深学生对乙醇结构的认识,对"结构决定性质"有了更深切的体会。观察与钠反应时的反应现象可以知道钠和水反应更加剧烈,从而推导出水分子中氢原子比乙醇分子里羟基的氢原子要活泼。引导学生运用观察法、实验探究法学习乙醇的性质,发展现象观察与规律认知、实验探究与创新意识等化学学科核心素养。

三、关于苯酚的教学

苯酚由酚羟基和苯环构成。教材在讲解苯酚的化学性质时把苯酚的酸性放在了最前面。教材"观察与认知"栏目中的反应说明苯酚可以和碱溶液发生反应,呈酸性。引导学生思考前面学过的乙醇的官能团也是羟基,但乙醇并无酸性,苯酚的酸性是什么原因引起的。从以前学过的苯及其同系物的知识中,类比得到是苯环对侧链的影响使得酚羟基表现出酸性。引导学生更好地理解官能团的性质与所处位置有一定的相互影响,让学生学会全面地看待问题,有助于更深层次的掌握知识。

引导学生思考苯酚既然有酸性,那么酸性是强是弱?向苯酚钠溶液中通入 CO_2 气体,溶液由澄清变浑浊。通过这一现象引导学生知道苯酚的酸性比碳酸要弱,是一种弱酸。用实验教学法循序渐进地引导学生掌握知识并培养他们的思维能力,在此过程中适当结合以前所学的知识,温故知新。

四、关于乙醛的教学

用启发式教学法,引导学生根据乙醛的结构大胆猜想乙醛可能具有的化学性质,强化"结构决定性质,性质反映结构"的观念。在学生给出答案后,继续启发学生查阅资料,设计实验来验证乙醛是否具有预测的化学性质。然后播放微课视频,全面讲解乙醛结构与性质间的关系。使得学生明白醛可以发生加氢还原反应生成醇,同时醛亦可发生氧化反应生成羧酸,了解醛、醇、羧酸三者间的转化关系,明白醛在有机化学中的重要地位。关于乙醛的还原性可以引导学生自行设计实验进行验证,对学生设计的实验方案进行完善之后,分4类分别进行如下实验:(1)乙醛的燃烧实验;(2)乙醛与酸性高锰酸钾溶液的反应;(3)乙醛与费林试剂反应;(4)乙醛与银氨溶液反应。这4类实验由学生查阅资料并参与设计,极大地提高了学生学习的兴趣,发挥了学生的主体地位。这些实验操作简单,安全可靠,达到了微型实验的要求,适合学生在课堂上动手操作。

五、关于乙酸的教学

前面已经学过了验证苯酚酸性的实验,在教师的指导下设计过验证乙醛还原性的实验方案。在乙酸具有酸性这一知识点处采用探究式教学,让学生自主设计、自主实验、自行总结得出结论,充分激发学生学习的兴趣和强烈的求知欲望,充分发挥学生的潜能,让他们在实验和创造的过程中轻松学习、掌握知识,培养他们的创新精神和实践能力。通过引导学生阅读"化学与强盛中国"栏目介绍的我国百万吨级乙烯"三机"设计制造材料,发展科学态度与社会责任等化学学科核心素养,融入课程思政元素。

六、关于学生实验的教学

乙醇和乙酸的酯化反应采用实验教学法,按照要求装好试剂后连接装置,开始实验。引导学生注意观察实验现象、实验产物,从色、味、态、水溶性、密度等方面去感知其物理性质。实验结束之后组织讨论:(1)用饱和碳酸钠溶液的目的是什么?(2)为什么产生蒸气的导管口要在饱和碳酸钠溶液的液面以上?

学生通过观察发现在饱和碳酸钠液面上有透明的油状液体生成,并可以闻到一种香味,理解反应产物的物理性质。引导学生发现将产物通入饱和碳酸钠溶液可以除去乙酸和乙醇,并降低乙酸乙酯的溶解度,增大水的密度,使产物浮于水面,容易分层析出,便于分离;导管末端不能浸入液体内,防止液体倒吸。在这一过程中初步形成发现、解释、分析、推理、归纳、总结等实验探究方法及应用能力。

实践活动·注重策略

实践活动一

卤代烃可以作为原料或者溶剂,广泛应用于加工制造业。先根据学生的特点,进行分组,每组 4~6 人,指导学生利用网络查阅资料。选择溴乙烷、二氯甲烷、乙醇中的一种,了解它们的工业用途以及安全使用规范,并使用多种素材制作演示文稿,在班级中进行交流,发展科学态度与社会责任等化学学科核心素养。

实践活动二

引导学生查阅资料,了解酒精检测仪的工作原理,制作"交通安全文明行"的展板在社区进行宣传。根据前期表现调整分组及分工,培养学生的合作能力,也加强学生的信息搜索、整合能力,提高计算机使用能力以及语言表达能力。这一过程能让学生参与到社区的精神文明建设活动中,提高人际交往能力,同时增强其社会责任感。

知识拓展·善用资源

一、硝化甘油

硝化甘油是一种无色或黄色澄清油状液体,可因震动而爆炸,属于化学危险品。同时硝化甘油也可用作心绞痛的缓解药物。

1847 年,意大利化学家索布雷罗发现用硝酸和硫酸处理甘油,可以得到一种黄色的油状透明液体,即硝化甘油。

1862 年,诺贝尔发现用少量的一般火药可以导致硝化甘油猛烈爆炸,并在后来首次使硝化甘油成为可以用于工业的炸药。

二、三硝基甲苯

三硝基甲苯(TNT)为白色或黄色针状结晶,无臭,有吸湿性,是一种比较安全的炸药,能耐受撞击和摩擦,但突然受热能引起爆炸。

精炼的 TNT 十分稳定。和硝化甘油不同,它对摩擦、振动不敏感。即使是受到枪击,也不容易爆炸。因此,需要雷管来启动爆炸。它不会与金属发生化学反应或吸收水分。因此,它可以存放多年。但它与碱强烈反应,生成不稳定的化合物。

教材参考答案

1. B。
2. D。
3. BC。
4. 略。

教学设计案例

课题名称	甲烷
教材分析	"甲烷"是高等教育出版社出版的《化学（加工制造类）》教材主题五"简单有机化合物及其应用"第二节中的教学内容。甲烷作为最简单的有机物，在学习其结构时，学生第一次接触到了空间结构这一概念，而空间结构又是认识有机物分子结构的重要内容，所以需要通过甲烷的学习帮助学生建立起这一认识角度。同样，甲烷的取代反应也是学生第一次接触到的典型的有机反应，此反应很好地体现出有机反应的一般特点。学生学习甲烷的取代反应，从分子结构上形成对取代反应的认识，为后续的有机化学的学习奠定良好的基础
学情分析	**知识与能力基础：** 学生了解了有机化合物的基本特征，掌握了化学键与物质结构理论的基本知识；但不能从结构角度认识甲烷的性质，缺乏对有机化合物进行主动探究的能力。 **心理特点：** 学生乐于使用信息技术手段，乐于使用网络学习平台；对自己找出的答案印象更为深刻
教学目标	1. 了解甲烷的存在和物理性质，掌握甲烷的结构并探究化学性质。 2. 提高学生利用实验现象探究化学本质的能力，初步学会化学中对有机物进行科学探究的基本思路和方法。 3. 认识分子的立体结构，引导学生树立绿色化学的理念。
核心素养	引导学生通过学习甲烷的取代反应形成"结构决定性质"的观念，培养从宏观和微观的角度解决实际问题的能力； 引导学生通过思考交流环境保护等话题，发展科学态度与社会责任等化学学科核心素养
教学重点	甲烷分子的空间结构及主要化学性质
教学难点	甲烷分子的空间结构及取代反应
教学方法	教法：情境教学法、任务驱动法； 学法：实验探究法、合作学习法

续表

教学环节		教师活动	学生活动	设计意图
课前	课前导学	1. 通过在线教学平台发布任务，让学生搜集甲烷的资料、搭建甲烷模型。 2. 上传导学案及预习作业。 3. 发布甲烷和氯气反应、甲烷爆炸的实验视频	1. 接收教师发布的课前任务进行资料的收集，模型上传。 2. 学生下载导学案并完成课前预习。 3. 学生认真观看视频	让学生充分利用网络、书籍等资源，了解教学内容，拓宽知识面。同时掌握学生对甲烷知识的自学情况，实现学习进度跟踪和学习成效评价
课中	环节一 课程引入	【视频引入】 以"一带一路"倡议油气项目视频进行引入。 【展示】 展示学生课前预习作业情况	【观看视频】 观看视频，加深对天然气的认识。 【聆听】	以视频开篇吸引学生的注意力，激发学生的学习兴趣。根据作业情况发现学生自学中存在的问题
	环节二 认识物性	【布置任务】 一看二闻三查四搜认识甲烷。 一看：看甲烷的颜色和状态； 二闻：闻甲烷的气味； 三查：甲烷试剂瓶中存在少量水； 四搜：课后查找尚未发现的甲烷的其他物理性质	【看、闻、查、搜】 看：甲烷是无色气体； 闻：甲烷无味； 查：甲烷不溶于水； 搜：甲烷的密度比空气小，可溶于汽油、煤油等有机溶剂	自主动手探究，激发学生探索新知的能力

教学环节		教师活动	学生活动	设计意图
课中	环节三 建立构型	【展示】 展示学生课前的拼装图片。 【讲述】 讲解甲烷的空间结构。 【仿真软件】 利用仿真软件展示甲烷的球棍模型和比例模型,并利用3D功能全方位展示甲烷的结构,指导学生写出甲烷的分子式、结构式和电子式。 提供模型材料,再次让学生拼装甲烷分子结构模型	【判断】 根据老师提供的资料,指出错误的拼装方式。 【写结构】 观察甲烷的结构,写出甲烷的分子式、结构式和电子式。 【拼装】 利用模型材料,再次拼装甲烷分子结构模型	引导学生利用数据,慢慢形成层层深入的思维结构;利用信息化技术展现空间构型,加深学生对甲烷空间结构的理解和记忆;将甲烷抽象的空间结构可视化,让学生认识化学微观世界分子立体结构,突破重难点,为甲烷性质的学习打下良好的基础
	环节四 探究化性	一、氧化反应 【播放视频】 播放甲烷燃烧的视频,让学生思考:甲烷在空气中燃烧有什么现象?产物是什么? 【播放视频】 播放生态公交车和煤矿瓦斯爆炸的视频。 二、取代反应 【播放视频】 播放实验视频,指导学生观察实验现象,得出结论。 【引导】 提供模型材料,引导学生模拟取代反应机理,并概括出取代反应的概念及正确地书写取代反应的化学方程式。	【观看视频,回答问题】 现象:甲烷燃烧有淡蓝色火焰,烧杯内壁有水珠,澄清石灰水变浑浊。 产物:水、二氧化碳。 【思考】 认识甲烷的可燃性给我们的生活带来的利与弊。 【观看视频,回答问题】 现象:烧杯壁上出现油滴,集气瓶内液面上升,有白雾出现。 结论:反应生成新的油状物质;随着反应进行,瓶内气压在减小,即气体总体积在减小。 【写方程式】 学生用模型模拟取代反应,写出化学方程式。	通过动画将取代反应的反应机理展现给学生,使他们能从化学键的角度认识取代反应的本质,为有机物性质的学习奠定良好的基础,突破教学难点

续表

教学环节		教师活动	学生活动	设计意图
课中	环节四 探究化性	三、稳定性 【补充实验】 球棍模型　　比例模型 ↓甲烷　　　　↓甲烷 KMnO₄溶液　　NaOH溶液(石蕊)	【观察现象】 观察实验现象并推论：在通常情况下，甲烷的性质是比较稳定的	
	环节五 总结评价	【总结】 结合板书展示本节课程所学内容。 【评价】 收取导学案，以学生的课堂活跃程度作为本节课堂学生学习的评价标准	【思考并回答】 梳理本节课知识，上交导学案	学生自行构建知识体系，既理清了知识脉络，又锻炼了他们的归纳总结能力和语言表达能力
课后	课后拓展	【设疑】 布置常规作业和拓展作业——了解可燃冰，并让学生小组合作查找相关资料，制作和甲烷有关且紧扣绿色环保理念的文案或短视频	【完成拓展作业】	激发学生的求知欲，从而达到"课虽终，趣犹存"的境界，为守护"绿水青山"贡献自己的力量

教学评价：

1. 通过课前导学掌握学生对甲烷知识的自学情况，实现学习进度的跟踪和学习成效的评价。

2. 通过仿真软件等信息化技术进行教学。

教学反思：

1. 本次课程利用模型制作、仿真软件等手段突破重难点。

2. 以课堂表现得分、课后作业得分、加上课前预习成绩，作为学生总得分，全面评价学习效果。

3. 采用问题导向式教学，培养学生通过实验现象探究化学反应实质的能力。

4. 在整个教学过程中渗透有机化学"结构决定性质"这一理念。

5. 通过让学生搭建分子结构和对甲烷燃烧的利弊进行分析，发展化学学科核心素养。

教学评价反思

通过本主题教学,您有哪些收获和不足,请填入表中。

节	重点、难点把握	核心素养培育	学生积极性调动	教学设计亮点	信息化手段应用	教学效果	其他
有机化合物的特点和分类							
烃							
烃的衍生物							
学生实验:重要有机化合物的性质							

主题六

常见生物分子及合成高分子

课程标准要求

节	内容要求	学时分配建议（共6学时）
糖类	认识糖类的组成、结构特点和主要性质，知道葡萄糖的结构特点、主要性质及应用；了解淀粉、纤维素及它们与葡萄糖的关系，了解糖类在食品加工和生物质能源开发中的应用	2
蛋白质	认识氨基酸及蛋白质的组成、结构特点和主要性质，知道氨基酸和蛋白质的关系，了解氨基酸、蛋白质在人类健康与生命活动中所发挥的重要作用	2
合成高分子化合物	认识塑料、合成纤维和合成橡胶等高分子化合物的结构特点和主要性能；了解新型合成高分子化合物的优异性能，了解它们在生产、生活中的重要应用	1
学生实验：常见生物分子的性质	通过葡萄糖的还原性，淀粉的检验，蛋白质的盐析、变性和颜色反应等实验，了解常见生物分子的性质；养成规范操作、细心观察、如实记录等实验室工作习惯。发展现象观察与规律认知、科学态度与社会责任等化学学科核心素养	1

第一节　重要的食品加工原料——糖类

教材内容<!---->解析

解析·编写思路

有机化合物在生命体中具有重要作用,在食品加工行业具有重要地位,它们是生命体的直接组成部分,也是食品加工行业的主要原料。有机化合物的组成复杂,性质独特,其功能与生命密切相关,性质与食品加工行业紧密联系,它们在生产生活中的作用值得人类进一步深入研究。

糖类是生物体内重要的能源物质,在生命活动过程中起着重要作用。学习和认识糖类物质,对于学生发展化学学科核心素养、满足专业课学习要求和适应现代化社会生活都具有重要的意义。

本节教材在编写过程中,以"粮食安全"为引,以"发酵反应的原料物质"创设情境,引入本节课糖类的主题,通过设置"观察与认知""交流与讨论""实验与探究""实践活动""拓展延伸"等栏目,激发学生对知识的好奇与渴望,引导学生主动学习、自主学习、小组合作学习,引发学生的思考,提高学生的学习能力。

教材设置多个"观察与认知"栏目,如:通过比较三种不同单糖分子的结构简式,让学生认识糖的组成和结构;通过观察葡萄糖的结构简式,并结合生活经验和葡萄糖的结构特点,让学生认识葡萄糖的物理性质,并根据葡萄糖分子中的官能团,推测葡萄糖的化学性质,发展宏观辨识与微观探析、现象观察与规律认知等化学学科核心素养。

教材设置多个"实验与探究"栏目,如:通过设计葡萄糖的银镜反应、葡萄糖与费林试剂的反应,探究葡萄糖的还原性,培养学生独立思考、勇于探究的钻研精神,发展现象观察与规律认知、实验探究与创新意识等化学学科核心素养。

教材还设置了"交流与讨论"栏目,充分调动学生的学习主动性及积极性,让学生更加了解糖类在食品加工行业发挥的作用,发展科学态度与社会责任等化学学科核心素养。

学习本节要充分利用学生已有的有机化合物官能团结构的知识来引导学生认识糖类的性质,并紧密联系实际生产生活中丰富的教学资源,引导学生进行交流和讨论,发展科学态度与社会责任等化学学科核心素养。

分析·教学内容

一、地位和作用

本节是有机化合物中烃的衍生物的延续,是结构复杂的一类有机化合物,以糖类为基础,将糖类分为单糖、双糖及多糖,分别介绍这三类物质在食品加工过程中的作用及体现的性质。

二、与核心素养之间的联系

本节内容主要分为三个部分:糖类的组成和分类、单糖的代表——葡萄糖、天然高分子——淀粉和纤维素。

1. 糖类的组成和分类

引导学生通过观察三种不同单糖分子的结构简式,认识糖的组成和结构,发展宏观辨识与微观探析等化学学科核心素养。

2. 单糖的代表——葡萄糖

引导学生从葡萄糖的球棍模型和结构简式,分析出葡萄糖属于多羟基醛,分子结构中具有醛基。通过"实验与探究"栏目,引导学生探讨葡萄糖能被托伦试剂和费林试剂等碱性弱氧化剂氧化,因此葡萄糖具有还原性,发展实验探究与创新意识、现象观察与规律认知等化学学科核心素养。

3. 天然高分子——淀粉和纤维素

设置"实验与探究"栏目探讨淀粉的特性,包括"淀粉遇碘显蓝色"及"淀粉可水解成葡萄糖",总结出淀粉的水解应该是在稀酸或酶的催化作用下进行的,通过观察淀粉的水解产物与银氨溶液及费林试剂反应的现象,判定水解产物为葡萄糖,发展宏观辨识与微观探析等化学学科核心素养。引导学生在了解淀粉的结构及性质的基础上,分析纤维素的特征,发展现象观察与规律认知、科学态度与社会责任等化学学科核心素养。通过用变化观念与平衡思想分析葡萄糖与淀粉和纤维素在一定条件下相互转化的原因,进一步引导学生树立有机化合物"结构决定性质、性质反映结构"的理念。通过"实践活动"栏目,让学生了解糖类在食品加工行业的应用,发展变化观念与平衡思想、科学态度与社会责任等化学学科核心素养。

剖析·重点难点

本节的教学重点主要有糖类的组成与分类、葡萄糖的结构与性质、淀粉的性质。

糖类是多羟基醛或多羟基酮及其脱水缩合的产物,根据是否能发生水解反应及水解产物,通常把糖类分为3类,即单糖、双糖及多糖。以葡萄糖为单糖的代表,重点分析其结构与性质。因为葡萄糖具有醛基,所以它有一定的还原性。淀粉能与碘发生反应,这一特征反应常用来检验淀粉,或用淀粉检验碘的存在。在稀酸或酶的催化下,淀粉可以逐步水解,最终产物是葡萄糖。纤维素没有还原性,可以水解,但比淀粉困难,在加热和无机酸或纤维素水解酶的催化作用下可发生水解反应,最终产物是葡萄糖。

本节的教学难点主要有淀粉、纤维素的组成及它们与葡萄糖的关系。

淀粉和纤维素作为多糖的代表,葡萄糖作为单糖的代表,淀粉和纤维素的分子通式可以写成$(C_6H_{10}O_5)_n$,n不同,分子式就不同,因此淀粉和纤维素都是混合物,两者也不互为同分异构体,更不是同一物质。它们的相同点是水解产物都是葡萄糖,但是淀粉在稀酸或酶的催化作用下可以水解,而纤维素要在加热和浓硫酸或纤维素水解酶的催化作用下才能水解。

教学实施建议

本节内容主要是知识性了解内容,应把握好教学的深度。在教学中,可采取情境教学法、任务驱动教学法、实验探究法、讲授法等,采用信息化教学手段,充分利用教材中的栏目组织学习活动,通过情境设置,任务驱动的方式,引导学生自主探究和小组合作,完成学习任务,达成教学目标,发展化学学科核心素养。

课堂教学·讲究方法

一、关于糖类的组成和分类的教学

教师预先布置"课前导学"任务,以小组为单位收集生活中常见的含糖的食物,查阅资料,分析糖类物质的作用及对生命活动的意义。以"情境与问题"栏目引导学生了解粮食安全,树立环保意识,将学生带入糖类的学习,引入糖类的组成和分类,借助信息化教学手段,让学生观察三种不同单糖分子的结构,分组讨论糖的组成和结构,教师在此基础上介绍糖类的分类方法。发展现象观察与规律认知、实验探究与创新意识等化学学科核心素养。

二、关于单糖的代表——葡萄糖的教学

1. 葡萄糖的结构

可以先让学生观察葡萄糖样品,介绍葡萄糖名称的由来。借助动画或模型,让学生观察葡萄糖的结构简式,引导学生结合生活经验和葡萄糖的结构特点,认识葡萄糖的物理性质,推测其可能具有的化学性质。

2. 葡萄糖的性质

葡萄糖的性质是本节的重点之一,在教学中建议通过葡萄糖分别与托伦试剂和费林试剂反应的实验,让学生通过小组合作的方式探究葡萄糖的还原性。教师可在前面所学的烃的含

氧衍生物的基础上分析葡萄糖的结构,引导学生理解因为葡萄糖含有醛基,醛基可表现还原性,所以葡萄糖又称为还原糖。在进行葡萄糖与费林试剂反应的实验时,教师应强调要保证实验成功所需的氢氧化铜悬浊液必须是新制备的,醛类与新制氢氧化铜悬浊液的反应条件必须是加热至沸腾。在此基础上可进行适当拓展,向学生说明含有醛基的有机物都能与托伦试剂和费林试剂反应。可以引导学生思考,如何检测病人是否患有糖尿病？发展现象观察与规律认知、实验探究与创新意识、科学态度与社会责任等化学学科核心素养。

三、关于天然高分子——淀粉和纤维素的教学

1. 淀粉

教师可以通过演示"实验与探究"栏目中的实验引入淀粉的教学,同时向学生提出问题:食用这些食物的目的是摄入淀粉,而直接提供人体能量的是葡萄糖,那么淀粉是怎样转化为葡萄糖的？淀粉有哪些性质？引导学生带着这些问题自学教材,使学生认识到淀粉在生物体内经过一系列的复杂变化,最终水解成葡萄糖从而供给能量。

2. 纤维素

教师可借助信息化教学手段,让学生观察直链淀粉分子和纤维素分子结构的形状,找出它们的异同。引导学生结合生活经验讨论,总结纤维素在动物体和人体内的作用。

实践活动·注重策略

将 4~6 名学生分为一组,以"糖类在食品加工行业的应用"为题,引导学生查阅资料,了解糖类在食品加工行业的应用情况,制作一期展板或手抄报在学校进行宣传,或者制作演示文稿,在课堂上交流,提高学生收集信息和加工信息的能力,发展科学态度与社会责任等化学学科核心素养。

知识拓展·善用资源

血糖

血液中的葡萄糖称为血糖。葡萄糖是人体所需能量的重要来源。正常人体每天需要很多糖来提供能量,为各组织、脏器的正常运作提供动力,所以血糖必须保持一定的水平。正常人血糖的产生和利用处于动态平衡,维持在一个相对稳定的水平。血糖的来源包括:(1) 食物的消化、吸收;(2) 肝内储存的糖原分解;(3) 脂肪和蛋白质的转化。血糖的去路包括:(1) 氧化转变为能量;(2) 转化为糖原储存于肝脏、肾脏和肌肉中;(3) 转变为脂肪和蛋白质等其他营养成分加以储存。胰腺是体内调节血糖浓度的主要器官,肝脏可以储存肝糖原。此外,血糖浓度还受神经、内分泌激素的调节。

教材参考答案

加快还原糖与铜离子的反应速度。由于次甲基蓝的变色反应是可逆的,还原型的次甲基蓝遇到空气中的氧气又会被氧化显示蓝色。此外,氧化亚铜也极不稳定,也会被空气中的氧气氧化。在沸腾条件下进行反应可以防止空气进入反应容器,避免次甲基蓝和氧化亚铜被氧化,增加还原糖的消耗量。

第二节 生命活动的物质基础——蛋白质

教材内容三析

解析·编写思路

蛋白质在细胞和生物体的生命活动过程中起着十分重要的作用。生物体的构成、新陈代谢、遗传都和蛋白质密切相关。因此，学好蛋白质的构成及作用，对研究生命活动有重要意义。

本节教材在编写过程中，以"工业蛋白的应用"创设情境，引入本节课"蛋白质"的内容。教材设置两个"观察与认知"栏目，引导学生观察多种氨基酸分子中氨基与羧基的相对位置，分析氨基酸的结构特征并观察蛋白质各级结构，分析讨论蛋白质的特殊功能和活性的结构因素。发展宏观辨识与微观探析、现象观察与规律认知等化学学科核心素养。

通过"实验与探究"栏目，引导学生分析氨基酸的性质，氨基酸分子中既含有碱性的氨基，又含有酸性的羧基，是典型的两性化合物。发展宏观辨识与微观探析等化学学科核心素养。

分析·教学内容

一、地位和作用

本节以蛋白质为主要内容，探究氨基酸和蛋白质的结构特征，多角度让学生充分了解这些物质对生命体的重要作用。

二、与核心素养之间的联系

本节内容主要分为两个部分：氨基酸、蛋白质。

1. 氨基酸

通过引导学生观察多种氨基酸分子中氨基与羧基的相对位置，分析氨基酸的结构特征，发展现象观察与规律认知等化学学科核心素养；通过探究氨基酸的实验，分析氨基酸的性质，发展实验探究与创新意识等化学学科核心素养。

2. 蛋白质

通过引导学生观察蛋白质的各级结构,分析蛋白质的特殊功能和活性,发展现象观察与规律认知等化学学科核心素养。

剖析·重点难点

本节的教学重点主要有氨基酸的组成、结构与性质,蛋白质的结构、性质。

羧酸分子中烃基上的氢原子被氨基取代后的化合物,称为氨基酸。根据氨基酸结构的不同,有多种分类方法,引导学生了解氨基酸的分类方法;氨基酸分子中的氨基具有碱性,羧基具有酸性,所以氨基酸是典型的两性化合物。调节溶液的 pH 可以使氨基酸以不同的形式存在;α-氨基酸可以用水合茚三酮来检验。

蛋白质是由氨基酸通过肽键等相互连接而形成的生物大分子,具有一定的空间结构。蛋白质的空间结构分为一级结构、二级结构、三级结构及四级结构。

蛋白质的性质,即盐析、变性、显色反应。在分析蛋白质的盐析和变性反应时,要注意两者的区别。盐析可以在工业上用于分离和提纯蛋白质。蛋白质变性的条件很多,有化学因素,也有物理因素。显色反应是蛋白质的特征反应,可以检验蛋白质是否存在。蛋白质的性质也是本节的教学难点。

教学实施建议

蛋白质在细胞和生物体的生命活动过程中起着十分重要的作用,结构复杂,功能各异,是由氨基酸通过肽键等相互连接而形成的大分子。

本节内容一部分是知识性了解内容,另一部分可以引导学生通过实验探究,自主学习,在教学中要把握好教学的深度。可采取情境教学法、任务驱动教学法、实验探究法、讲授法等,采用信息化教学手段,展现蛋白质的空间结构,充分利用教材中的栏目组织学习活动,通过情境设置,任务驱动的方式,引导学生自主探究和小组合作,完成学习任务,达成教学目标,发展化学学科核心素养。

课堂教学·讲究方法

一、关于氨基酸的教学

1. 氨基酸的命名和分类

教师预先布置"课前导学"任务,以小组为单位收集不同的氨基酸,并且表示出其结构简式,分析讨论氨基酸的结构特征。在课堂上让学生展示课前作业并分享得到的结论。教师做好总结,引导学生系统地认识氨基酸的结构特征。在此基础上,介绍氨基酸的命名和分类,发展现象观察与规律认知、实验探究与创新意识等化学学科核心素养。

2. 氨基酸的性质

在了解了氨基酸结构的基础上,引导学生分析其特征官能团,如氨基和羧基,推测氨基酸可能具有的性质,如碱性和酸性;再通过"实验与探究"项目,让学生通过自主实验,验证氨基酸所具有的性质,得出研究结果,即氨基酸具有两性及其显色反应。在此过程中,引导学生选择正确的实验条件及规范操作。

二、关于蛋白质的教学

引导学生通过"观察与认知"项目,认识分子蛋白质不同级别的结构。教师简单介绍蛋白质的分类,重点分析蛋白质的盐析、变性和显色反应等特性。

实践活动·注重策略

将4~6名学生分为一组,以"新型蛋白质功能性食品和饮料"为题,引导学生查阅资料,了解蛋白质对人体的作用,收集各类补充蛋白质的功能性食品和饮料,撰写相关调查报告,培养学生团结互助的团队精神,以及获取信息和加工信息的能力,发展科学态度与社会责任等化学学科核心素养。

知识拓展·善用资源

蛋白质

18世纪,弗朗索瓦和其他研究者发现蛋白质是一类独特的生物分子。他们发现用酸处理这些分子能够使其凝结或絮凝。"蛋白质"这一名词是贝采利乌斯于1838年提出的。

蛋白质是一种复杂的有机化合物,是由一条或多条多肽链组成的生物大分子,每一条多肽链有几十至数百个不等的氨基酸残基(—R);各种氨基酸残基按一定的顺序排列。多个蛋白质往往可以结合在一起形成稳定的蛋白质复合物,通过折叠或螺旋构成一定的空间结构,从而发挥某一特定功能。

教材参考答案

1. (1) 蛋白质;

(2) 高温破坏了蛋白质的空间结构；

(3) 双缩脲；紫玫瑰色；肽键。

2. (1) 5 滴蒸馏水；取少量质量浓度为 0.1 g/mL 的 NaOH 和等量的质量浓度为 0.05 g/mL 的 $CuSO_4$ 溶液，配制成费林试剂；

(2) A 试管中出现砖红色沉淀，B 试管中无明显现象；A 试管中出现砖红色沉淀，B 试管中也出现相同的现象。

第三节 中国制造的材料基础——合成高分子

教材内容分析

解析·编写思路

高分子化合物作为有机化合物的一个庞大分支,内含十分广泛。学习有机高分子材料,不仅为学生进一步学习有机化学拓展了思路,而且为学生了解当今社会生产生活实际提供了帮助。

在学生认识了高分子化合物的基础上,教材进一步介绍了塑料、合成纤维、合成橡胶三大合成高分子材料,以各种高分子材料的性能和应用为主线,在依次讲述其结构、分类、性质和用途的同时,贯穿一些基础的高分子化学知识。

本节教材在编写过程中,以"对人类社会的文明进步产生巨大推动和影响的高分子化合物"为情境,引导学生思考哪些材料属于人工合成高分子化合物。通过设置"观察与认知""实践活动"等栏目,引导学生主动学习、自主学习、小组合作学习,引发学生的思考,培养学生的学习能力,激发学生对知识的好奇与渴望。

教材设置了两个"观察与认知"栏目,引导学生通过观察一些常见的低分子化合物和高分子化合物的分子量,思考总结高分子化合物最明显的特征,通过观察直链淀粉及支链淀粉不同的实验现象并分析原因,发展现象观察与规律认知、实验探究与创新意识等化学学科核心素养。

分析·教学内容

一、地位和作用

本节以合成高分子为主要内容,探究高分子化合物的结构特点,分析高分子化合物的基本特性,从用途广泛的三大合成材料——塑料、合成纤维和合成橡胶出发,分析它们在制造业中的作用,让学生进一步了解生产实际与科技进步的密切关系。

二、与核心素养之间的联系

本节内容主要分为两个部分:认识高分子化合物、用途广泛的高分子材料。

1. 认识高分子化合物

通过引导学生观察低分子化合物和高分子化合物的分子量,让学生自主学习,发展现象观察与规律认知等化学学科核心素养;通过探究直链淀粉和支链淀粉的溶解性,分析实验现象展示的不同高分子化合物的不同性质,发展实验探究与创新意识等化学学科核心素养。

2. 用途广泛的高分子材料

通过分析三大合成高分子材料的分类、性质与作用,引导学生了解合成高分子材料在工业中的地位,发展科学态度与社会责任等化学学科核心素养。

剖析·重点难点

本节的教学重点主要有高分子化合物的结构和性质,塑料、合成纤维及合成橡胶的分类及用途。

高分子化合物的分子量虽然很大,但是它们的化学组成和分子构成并不复杂,都是由特定的结构单元通过共价键经过多次重复连接而成的。根据链节连接形成的链的形状不同,高分子化合物的结构分为线型结构和体型结构;引导学生从溶解性、弹性、塑性、密度和机械强度、电绝缘性等方面分别了解高分子化合物的特征,强化"结构决定性质"的观念。

合成高分子材料的种类很多,本节主要从应用最为广泛的三大合成高分子材料出发,介绍了塑料、合成纤维及合成橡胶的分类及它们在制造业中的作用。

本节的教学难点主要有塑料、合成纤维及合成橡胶的分类及用途。

塑料、合成纤维及合成橡胶这三类合成高分子材料并无严格的分界线,同一种合成高分子材料根据使用要求不同,可以加工成不同类型的制品。例如,聚氯乙烯是典型的塑料,但也可以抽丝制成纤维;通常用作合成纤维的尼龙和涤纶也可以加工成工程塑料;橡胶在低温下也可以变成塑料。

教学实施建议

本节主要分析了高分子材料的结构特点、基本特征及三大合成高分子材料,可采取情境教学法、任务驱动教学法、实验探究法、讲授法等,建议采用信息化教学手段,展现高分子材料在国民生产中发挥的重要作用,充分利用教材中的栏目组织学习活动,引导学生自主探究和小组合作,完成学习任务,发展化学学科核心素养。

课堂教学·讲究方法

一、关于认识高分子化合物的教学

1. 高分子化合物的结构特点

教师预先布置"课前导学"任务,引导学生独立完成"高分子化合物"的概念分析,找出几种常见的高分子化合物。在课堂上让学生分享课前学习成果,教师根据学生的课前学习内容,做好总结,引导学生系统地了解高分子化合物的概念及结构特征,发展现象观察与规律认知等化学学科核心素养。

2. 高分子化合物的基本特性

在学生了解了高分子化合物结构的基础上,介绍高分子化合物的基本特性,通过"观察与认知"栏目,引导学生自主实验,通过观察实验现象,分析高分子化合物溶解性的特征,强化"结构决定性质"的观念。在此过程中,教师应引导学生注意实验操作的规范性,然后详细分析高分子化合物的弹性、塑性、密度和机械强度、电绝缘性等性能。

二、关于用途广泛的高分子材料的教学

该部分的教学主要以内容的趣味性、实用性来激发学生的学习兴趣,发展科学态度与社会责任等化学学科核心素养。

通过引导学生阅读"化学与强盛中国"栏目介绍的中国高铁,激发学生的民族自豪感,发展科学态度与社会责任等化学学科核心素养,融入课程思政元素。

教材设置了学生实验"常见生物分子的性质",引导学生通过完成葡萄糖的还原性、淀粉的检验、蛋白质的盐析、变性和颜色反应等实验,观察实验现象,了解常见生物分子的性质,总结经验规律;教师应指导学生规范操作,提高学生的实验操作技能,养成规范操作、细心观察、如实记录等实验室工作习惯,加深学生对常见生物分子性质的认识。发展现象观察与规律认知、科学态度与社会责任等化学学科核心素养。

实践活动·注重策略

1. 将4~6名学生分为一组,以"遏制白色污染 进行垃圾分类"为题,引导学生查阅资料,了解白色污染的严重性及垃圾分类的必要性,了解不同类型塑料制品标识的含义及其在垃圾分类和回收利用中的意义。结合所在地区的垃圾分类要求,设计制作一张塑料制品回收宣传海报,在社区开展一次科普活动,引导学生加强团队合作,培养团队意识,同时培养学生获取信息和加工信息的能力,发展科学态度与社会责任等化学学科核心素养。

2. 将 4~6 名学生分为一组,以"橡胶的使命"为题,引导学生查阅资料,了解我国高铁列车的发展历程中,设计团队为减少列车运行阻力所做的努力。小组合作,归纳材料,了解橡胶作为一种特殊材料,哪些特性可以让其做成连接风挡并在减少列车运行阻力方面发挥作用。发展科学态度与社会责任等化学学科核心素养。

知识拓展·善用资源

一、不粘锅

不粘锅是做饭时食材不会粘锅底的锅,因为锅底使用了不粘涂层。常见的不粘涂层有聚四氟乙烯涂层和陶瓷涂层。

聚四氟乙烯可以作为不粘锅的涂料是因为其具有良好的耐化学腐蚀和耐老化的性能。

陶瓷性能稳定,使用纳米技术令其表面紧致无孔隙,也可以达到不粘的效果。

二、防晒衣

防晒衣采用的是优质的聚酯纤维材质。防晒原理是在布料中加入防晒助剂的防紫外线布料,或利用陶瓷微粉与纤维结合,增加衣服表面对紫外线的反射和散射作用,防止紫外线透过织物损害皮肤。

教材参考答案

1. C。
2. 略。

教学设计案例

课题名称	生命活动的物质基础——蛋白质
教材分析	"生命活动的物质基础——蛋白质"是高等教育出版社出版的《化学（加工制造类）》教材主题六"常见生物分子及合成高分子"第二节的教学内容。蛋白质是细胞和组织结构的最重要的组成部分，蛋白质是由氨基酸通过肽键等相互连接而形成的具有特定结构和一定生物学功能的天然大分子。教材从氨基酸的结构出发，分析氨基酸的性质和蛋白质的特性
学情分析	**知识与能力基础：** 学生已经学习了有机化合物，对于有机化合物的特点有了初步的了解，知道蛋白质对于人体的重要性，但对于复杂的有机化合物及其结构不了解，特别是有机化合物的变化和形成过程。 **心理特点：** 热爱生活，善于发现、思考和解决问题；但对于难度较大或者抽象的知识点的学习兴趣不高
教学目标	1. 引导学生了解氨基酸的结构特点及氨基酸形成蛋白质的过程，以及蛋白质的结构和功能。 2. 通过实验培养学生动手操作、小组合作的能力，以及观察、分析、阅读、归纳等能力。 3. 认识蛋白质是生命活动的承担者，体验合作学习的快乐
核心素养	1. 通过"观察与认知"栏目分析氨基酸的结构，引导学生掌握氨基酸的结构特点，发展现象观察与规律认知等化学学科核心素养。 2. 根据氨基酸的结构特征，引导学生分析氨基酸的性质，通过"实验与探究"栏目验证氨基酸的特性，发展实验探究与创新意识等化学学科核心素养。 3. 通过"观察与认知"栏目引导学生了解蛋白质的各级结构，分析蛋白质的特殊功能与活性的关系，发展宏观辨识与微观探析等化学学科核心素养
教学重点	氨基酸的组成、结构与性质，蛋白质的特性
教学难点	蛋白质的特性
教学方法	教法：情境教学法，任务驱动法； 学法：小组讨论法，实验探究法

续表

	教学环节	教师活动	学生活动	设计意图
课前	课前准备	发布导学任务，以小组为单位收集不同的氨基酸的信息，并写出结构简式，简要分析氨基酸的结构特征，预测氨基酸的性质。让学生为本次课做好知识储备	完成导学任务，做好课堂分享准备	课前热身，完成导学任务，为课堂教学做好充分准备
课中	环节一 新课引入	【情境导入】 1. 你吃过蒸蛋羹吗？ 2. 在生活中我们经常接触蛋白质，比如早餐中的鸡蛋，运动员每天通过吃肉、喝奶补充蛋白质。 3. "工业蛋白"的作用。这说明蛋白质很重要，既然蛋白质这么重要，蛋白质有什么功能，又是怎样形成的？ 【多媒体播放】 播放鸡蛋液变成鸡蛋羹的变化过程。 【提问】 引导学生思考蛋白质有哪些特点	【思考】 通过观察和回答老师的问题，思考蛋白质对人体的重要性及蛋白质的一些特性。 【观看视频】 【回答问题】	引导学生了解蛋白质在人类健康和生命活动中所发挥的作用和蛋白质对于生命体的意义。通过生活中常见的现象引导学生思考，使学生快速进入课堂情境
	环节二 氨基酸	【引导】 引导学生观察氨基酸的结构，分析其结构特征，引导学生完成"实验与探究"栏目。 【讲解】 氨基酸中氨基与羧基的相对位置，氨基酸分子中的官能团，氨基酸的命名和分类。 【观察】 观察学生实验过程，及时纠正错误，解答学生的问题	【观察记录】 完成"观察与认知"栏目，观察四种氨基酸的结构简式，分析氨基酸的结构特点。 【完成实验】 完成"实验与探究"栏目，探究实验结果	氨基酸的结构特点是学习氨基酸形成蛋白质的基础，引导学生自主对比观察，达到突出重点、突破难点的目的

续表

	教学环节	教师活动	学生活动	设计意图
课中	环节三 蛋白质	【引导】 引导学生观察蛋白质的结构,总结蛋白质的特性。 【讲解】 介绍蛋白质的不同分类方法。 【播放视频】 介绍蛋白质的性质(盐析、变性、显色反应)	【观察分析】 自主观察,完成课题总结,明确蛋白质的特性及蛋白质发生反应的条件 【聆听】 【观看视频】	发挥学生的主体作用,引导学生感知知识的形成过程,突出重点
	环节四 评价交流	总结评价并进行课堂检测	完成课堂检测和自我评价	即时评价有助于教师及时掌握学生的学习情况,明确教学效果
课后	课后提升	以问为引延伸教学:必需氨基酸的种类有哪些?	完成拓展任务	将课堂延伸至课后,帮助学生巩固课堂知识的同时拓宽思维,用所学知识解决实际问题

教学评价:

1. 通过课前检测、课堂练习和课后作业全过程检验评价学生的学习成果。
2. 通过小组合作,实验探究,发展化学学科核心素养。

教学反思:

1. 课前布置导学任务,让学生有备而来。
2. 课堂上以问为导,培养学生的思考能力,课后拓展,锻炼学生的课外延伸学习能力。
3. 借助信息化教学手段,提高课堂效率及课堂质量,尤其是蛋白质性质的教学,可以通过展示视频,让学生了解蛋白质盐析和变性的不同条件及不同结果,活跃课堂气氛,激发学生的学习兴趣。

教学评价反思

通过本主题教学，您有哪些收获和不足，请填入表中。

节	重点、难点把握	核心素养培育	学生积极性调动	教学设计亮点	信息化手段应用	教学效果	其他
重要的食品加工原料——糖类							
生命活动的物质基础——蛋白质							
中国制造的材料基础——合成高分子							
学生实验：常见生物分子的性质							

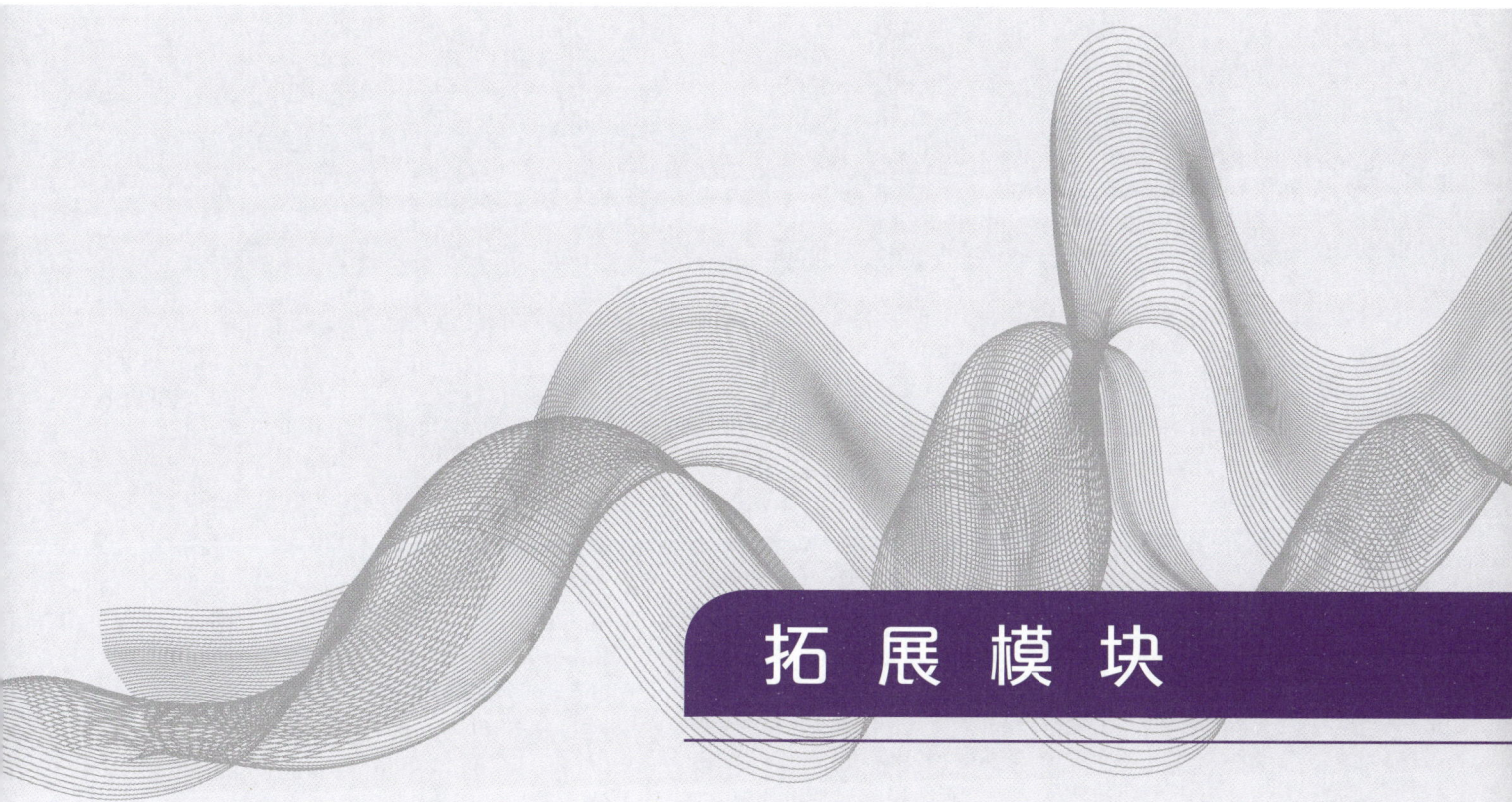

拓 展 模 块

专题一

电化学基础与金属防护

课程标准要求

节	内容要求	学时分配建议（共 6 学时）
原电池	了解原电池的组成，初步认识原电池的工作原理，知道电极反应及电池总反应	1
电池的类型	了解常见化学电池的类型及工作原理，知道废旧电池的资源化处理方法，认识环境保护的重要性	1
电解与电镀	了解电解的工作原理，认识电解在实现物质转化和储存能量中的具体应用；了解电镀的工作原理，认识电镀在生产、生活中的应用，了解电镀废水对环境的影响	2
金属的腐蚀与防护	了解金属发生电化学腐蚀的本质，知道金属腐蚀的危害，了解金属防护的方法	1
学生实验：电化学腐蚀与金属防护	通过观察铜锌原电池实验的现象，判断正、负极发生的反应，理解原电池的工作原理；比较纯金属、含少量杂质的金属分别与稀酸反应的现象，解释电化学腐蚀的原因和电化学防护的基本原理；学会简单的电镀操作。进一步发展实验探究与创新意识、科学态度与社会责任等化学学科核心素养	1

第一节　原电池

教材内容三析

解析·编写思路

电化学是研究电和化学反应相互关系的科学,是以大工业为基础的学科。电化学的研究涉及当今社会极为关注的能源、材料、生命、环境四大领域,掌握一定的电化学知识,有利于提升加工制造类专业及相关专业学生的专业素养。

由于原电池的内容相对抽象,因此教材从"红外体温检测仪"入手,提出红外体温检测仪为什么可以离开电源使用的问题,从而激发学生的学习兴趣和学习热情,引出了"原电池"的概念。进而介绍原电池的工作原理,通过实验引导学生观察原电池的指针偏转情况,激发学生对于原电池为什么会产生电流的浓厚求知欲。在此基础上,引出原电池的组成,引导学生将原电池从具体装置抽象成一般模型。教材通过"观察与认知""实验与探究"栏目,使学生从学习原电池的工作原理和反应现象,到分析原电池反应的本质,认识原电池反应的规律,层层递进,掌握教学内容。并通过"化学与强盛中国"栏目介绍"深海勇士"号载人潜水器,引导学生体会祖国的科技发展所带来的自豪感,将思政元素有机融入化学课程的教学中。

分析·教学内容

一、地位和作用

本节是电化学的基础,是在本书主题二中的氧化还原反应基础上的进一步延伸,内容上分成原电池的工作原理、原电池的组成两部分进行阐述,帮助学生建立原电池的结构模型,在专题一中具有承上启下的作用。

二、与核心素养之间的联系

本节内容主要分为两个部分:原电池的工作原理、原电池的组成。

1. 原电池的工作原理

通过引导学生完成"观察与认知"栏目,观察两种情况下的反应现象并比较它们的不同,发展宏观辨识与微观探析、现象观察与规律认知等化学学科核心素养。

2. 原电池的组成

通过引导学生完成"观察与认知""实验与探究"等栏目,发展宏观辨识与微观探析、现象观察与规律认知、实验探究与创新意识等化学学科核心素养,并通过"化学与强盛中国"栏目介绍的"深海勇士"号载人潜水器,发展科学态度与社会责任等化学学科核心素养,融入课程思政元素。

剖析·重点难点

本节的教学重点主要有原电池的构成条件及原电池的原理。

原电池反应属于氧化还原反应,但其区别于一般的氧化还原反应的是,电子的转移不是通过氧化剂和还原剂之间的有效碰撞完成的,而是还原剂在负极上发生氧化反应失去电子,电子通过外电路输送到正极上,氧化剂在正极上发生还原反应得到电子,从而完成还原剂和氧化剂之间的电子转移。两个电极之间的溶液中离子的定向移动和外部导线中电子的定向移动构成了闭合回路,使两个电极反应不断进行,发生有序的电子转移,产生了电流,实现化学能向电能的转化。

组成原电池的三个必备条件:(1)电极由两种金属活泼性不同的金属或由金属与其他导电的材料(非金属或某些氧化物等)组成;(2)存在电解质;(3)两个电极之间有导线连接,形成闭合回路。

本节的教学难点主要有原电池的原理。

从能量转化的角度看,原电池是将化学能转化为电能的装置;从化学反应角度看,原电池的原理是氧化还原反应中还原剂失去的电子经外接导线传递给氧化剂,使氧化还原反应分别在两个电极上进行。原电池中的电解质溶液在化学能和电能的转化过程中起到导电的作用并参与了化学反应。在原电池的正、负极上分别发生还原反应和氧化反应,若两个电极间没有连接或两个电极没有浸入电解质溶液,则不产生电流。离子的定向移动,相当于溶液中电荷的传输,从而使电解质导电。活泼金属电极(如锌电极)的电势相对较低,不活泼金属的电极(如铜电极)的电势相对较高。电路连通后,电子能自发地从电势低的电极经外电路(导线)移动到电势高的电极。

教学实施建议

原电池是利用两个电极的电势不同,存在电势差,从而使电子流动,产生电流。本节内容主要是讲解原电池的原理和组成,教师可通过演示实验,引导学生认识原电池的组成及其工作原理,理解化学能和电能之间的转化。在教学中,可以采取情境教学法、任务驱动教学法、实验探究法、讲授法等,建议采用信息化教学手段,充分利用教材中的栏目组织学习活动,通过情境设置,任务驱动的方式,引导学生自主探究和小组合作,完成学习任务,发展现象观察与规律认知、实验探究与创新意识、科学态度与社会责任等化学学科核心素养。

课堂教学·讲究方法

一、关于原电池的工作原理的教学

学生在主题二第一节中已经学过了氧化还原反应,已经知道在氧化还原反应中,有电子得失或共用电子对偏移。教学要求是"了解氧化反应、还原反应和氧化还原反应的概念,认识有化合价变化的反应是氧化还原反应,了解氧化还原反应的本质是原子间电子的转移",所以,在教学中教师引导学生重点关注的是电流表指针会发生偏转,而对于其中的电流不稳定、溶液温度升高等现象及其产生的原因并没有进行探讨。在本部分的教学中,教师可以利用"观察与认知"栏目引入,通过直观演示,引导学生观察教材图"观察与认知"栏目中1号、2号烧杯之间的区别,组织学生开展分析解释、推理预测等学习活动,观察锌片和铜片接触稀硫酸前、后,电流计指针上发生的现象。注意引导学生关注铜片和锌片上发生的现象,以获得该体系中化学能没有完全转化为电能的实验证据。围绕此实验,可组织学生讨论以下问题:

1. 2号烧杯中电流计的指针是否发生了偏转?发生了哪些能量转化?
2. 两个烧杯在铜片、锌片上有什么现象,分别发生了什么反应?
3. 发生这些现象的原因是什么?完成教材表T1-1-1。

二、关于原电池的组成的教学

学生根据第一部分的"观察与认知"栏目,已经初步认识了原电池的工作原理,本部分的教学内容着重让学生了解原电池的组成,知道原电池的电极反应和电池总反应。通过"观察与认知"栏目,利用直观演示,引导学生观察教材图T1-1-2,认知电流的流向,判断正负极,完成教材表T1-1-1,知道正负极的反应及电池总反应。促使学生认识到电极材料、电解质、导线是构成原电池的基本要素,逐步建立系统分析原电池的思路,从而引出原电池的组成:原电池是由正、负两个电极,连接电极的导线和电解质溶液所形成的。

采用实验教学法,通过"实验与探究"栏目,比较教材图T1-1-2和教材图T1-1-3装置的不同以及正极产物的不同。引导学生明确锌铜原电池的工作原理后,归纳出原电池装置中各组成要素的功能,建立对原电池工作过程的系统分析思路。

知识拓展·善用资源

一、电池的起源和发展史

18世纪末期,意大利解剖学家伽伐尼发现动物躯体内部可以产生一种电,他称之为"生物电"。

伽伐尼的发现引起了物理学家们的极大兴趣,意大利物理学家伏特受到启发,把两种不同的金属片浸在各种溶液中进行试验。他发现,这两种金属片中,只要有一种与溶液发生了化学反应,金属片之间就能够产生电流。1799年,伏特成功制成了世界上第一个电池——"伏特电堆"。

二、干电池的诞生

干电池在19世纪中期诞生。1860年,法国的雷克兰士发明了碳锌电池,当电池中的电解液逐渐被类似糨糊的形式取代并将其装在容器内时,"干"性电池出现了。1887年,英国人赫勒森发明了最早的干电池。

教材参考答案

1. 补牙剂的汞合金成分大致为 Ag_2Hg_3、Ag_3Sn、$Sn_xHg(x=7\sim9)$,铝比汞合金中任何一种金属都活泼,因此以合金为正极,铝为负极,唾液充当电解液,就可以形成一个微电池。铝做原电池负极失电子形成原电池产生电流,产生的微电流刺激牙神经,就产生了疼痛感。

2. 根据原电池原理可知在铂、锌两种金属中,活泼金属 Zn 作负极,发生氧化反应:$Zn-2e^-=\!\!=\!\!=Zn^{2+}$,不活泼金属铂作正极,发生还原反应:$O_2+2H_2O+4e^-=\!\!=\!\!=4OH^-$。

3. 由于在原电池中,负极 Zn 不断溶解进入溶液,所以 SO_4^{2-} 不停通过隔膜进入左侧。

4. 略。

第二节　电池的类型

解析·编写思路

由电池的诞生到铅酸电池的发明,再到氧化银电池、镍—镉电池、镍—铁电池的出现,电池已经成为人们生活中不可缺少的物品。电池不仅在日常生活中经常使用,在航天航空、深海潜水器等高科技领域也有重要的作用。根据不同的用途,人们制造了各种类型的电池。掌握一定的电池分类知识有利于提升加工制造类专业及相关专业学生的专业素养。

电池的类型相对具象化,学生比较容易接受。因此先从"情境与问题"栏目出发,从生活中常见的手机和空调遥控器的电池入手构建情境,让学生有较强的代入感,提出"为什么手机电池可以充电,空调遥控器电池却不可以充电"的问题,激发学生的学习兴趣。在此基础上,引出电池的类型。再通过"观察与认识"栏目,使学生对电池的分类有充分的认知,从而容易掌握教学内容,通过"拓展延伸"栏目,引导学生了解我国科学家自主研发的碲化镉发电玻璃,了解我国在绿色环保、新能源、科技创新方面的成就。通过"化学与强盛中国"栏目介绍我国锂离子电池的发展现状,引导学生体会祖国科技的快速发展,将爱国主义、工匠精神等思政元素有效渗透到化学课程的教学中。通过"观察与认识"栏目,引出废旧电池的垃圾分类问题,激发学生的参与热情,组织学生讨论"废旧电池的资源化处理",将环境安全、保护环境的理念有效渗透到教学过程中。

分析·教学内容

一、地位和作用

本节是教材第一节"原电池"的延伸,在学习了原电池的工作原理和组成之后,学生对电池产生了浓厚的兴趣。本节进一步引导学生学习电池的类型和废旧电池的资源化处理,并为第三节"电解与电镀"打下基础,具有承上启下的作用。

二、与核心素养之间的联系

本节内容主要分为四个部分:一次电池、二次电池、燃料电池、废旧电池的资源化处理。

1. 一次电池

引导学生通过拆解、观察废旧锌锰干电池、锌银电池或者观察它们的结构示意图,发展宏观辨识与微观探析、实验探究与创新意识等化学学科核心素养。

2. 二次电池

引导学生观察"铅蓄电池的构造图""铅蓄电池充电、放电示意图"、镍氢电池等新型二次电池的外观结构,发展宏观辨识与微观探析、现象观察与规律认知、实验探究与创新意识等化学学科核心素养。

3. 燃料电池

引导学生观察"燃料电池工作示意图"等,发展宏观辨识与微观探析、现象观察与规律认知等化学学科核心素养,并通过"化学与强盛中国"栏目介绍的锂离子电池的发展现状,发展科学态度与社会责任等化学学科核心素养,融入爱国主义、工匠精神等课程思政元素。

4. 废旧电池的资源化处理

引导学生完成"观察与认知"栏目认识垃圾分类标识等环节,使学生认识垃圾分类的重要性和资源回收的方法及意义,发展科学态度与社会责任等化学学科核心素养,融入环境保护等课程思政元素。

剖析·重点难点

本节的教学重点主要有二次电池、燃料电池、废旧电池的资源化处理。

二次电池的自放电又称荷电保持能力,它是指在开路状态下,电池储存的电量在一定环境条件下的保持能力。一般而言,自放电主要受制造工艺、材料、储存条件的影响。自放电是衡量电池性能的主要参数之一。一般而言,电池的储存温度越低,自放电率也越低,但也应注意温度过低或过高均有可能造成电池损坏无法使用。电池充满电开路搁置一段时间后,一定程度的自放电属于正常现象。

燃料电池是一种能量转化装置,它是按照电化学原理,即原电池的工作原理,把储存在燃料和氧化剂中的化学能直接转化为电能,因而实际过程是氧化还原反应。燃料电池主要由四个部分组成,即阳极、阴极、电解质和外部电路,电解质通常为致密结构。燃料和氧化剂分别由燃料电池的阳极和阴极通入。燃料在阳极上放出电子,电子经外电路传导到阴极并与氧化剂结合生成离子。离子在电场作用下,通过电解质迁移到阳极上,与燃料反应,构成回路,产生电流。由于燃料电池本身的电化学反应放热,以及回路的电阻,因此燃料电池有一定的热量损耗。但由于没有机械传动部件产生的能量损耗,因此燃料电池一般效率较高。

国际上通行的废旧电池处理方式大致有三种:固化深埋、存放于废矿井、回收利用。各类废旧电池一般运往专门的有毒、有害垃圾填埋场,但这种做法不仅花费太大而且还会造成浪费,因为废旧电池中尚有不少有用物质。将废旧电池存放于废矿井,堆积起来,会对环境和人类的健康造成影响。将废旧电池进行资源化处理,主要有三种方法:热处理法、湿处理法、真空热处理法。

本节的教学难点主要有燃料电池的电极反应和电池总反应。

燃料电池是一种电化学装置,其组成与一般电池相同。其单体电池是由正、负两个电极(负极即燃料电极和正极即氧化剂电极)、电解质和外部电路组成。一般电池的活性物质储存在电池内部,因此限制了电池容量。而燃料电池的正、负极本身不包含活性物质,只是催化转换元件。因此燃料电池是名副其实地把化学能直接转化为电能的装置。燃料电池工作时,燃料和氧化剂由外部供给,进行反应。原则上只要反应物不断输入,反应产物不断排出,燃料电池就能连续地发电,因此只要及时补充燃料和氧化剂,电池容量是不受限制的。

以氢氧燃料电池为例,氢氧燃料电池的反应原理是电解水的逆过程。

电极反应:

负极:$2H_2+4OH^- =\!=\!= 4H_2O+4e^-$

正极:$O_2+2H_2O+4e^- =\!=\!= 4OH^-$

电池总反应:$2H_2+O_2 =\!=\!= 2H_2O$

教学实施建议

本节内容是电池的类型,电池主要包括一次电池、二次电池、燃料电池等几类,结合生活中常用的电池,引导学生了解新型电池的优良性能和发展前景,并通过介绍废旧电池的资源化处理,培养学生的环境保护意识。本节内容主要是知识性了解内容,在教学中应把握好教材的深度,注重学生对知识的认知。在教学中,可以采取情境教学法、任务驱动教学法、实验探究法、讲授法等,建议采用信息化教学手段,充分利用教材中的栏目组织学习活动,通过情境设置、任务驱动的方式,引导学生自主探究和小组合作,完成学习任务,发展化学学科核心素养。

课堂教学·讲究方法

一、关于一次电池的教学

由"情境与问题"栏目导入,从生活中常见的手机和空调遥控器入手构建情境,让学生有较强的代入感,提出"为什么手机可以充电,空调遥控器电池却不可以充电"的问题,激发学生的学习兴趣。在此基础上,引出电池的类型,电池主要包括一次电池、二次电池、燃料电池几类。利用"观察与认知"栏目,在确保安全的情况下拆解废旧锌锰干电池,让学生对锌锰干电池的内部结构有直观的了解,与同学讨论干电池的工作原理,填写教材表T1-2-1。引导学生学会解释锌锰干电池使用时间长、未及时更换时,出现漏液现象的原因,进而描述锌锰干电池的结构。利用常见的纽扣式锌银电池结构示意图,讲解锌银电池的内部结构,引导学生比较锌锰干电池和锌银电池的异同,发展现象观察与规律认知、实验探究与创新意识等化学学科核心素养。

二、关于二次电池的教学

通过展示铅蓄电池的构造图,解释铅蓄电池的内部构造,让学生从微观角度认识铅蓄电池,并通过"观察与认知"栏目引导学生结合教材图 T1-2-6 认知铅蓄电池在充电和放电时内部电子的移动情况,从而引出铅蓄电池充电和放电时的电极反应和电池总反应,引导学生逐步建立起研究二次电池充放电问题的思路。再介绍铅蓄电池的发展历史和优缺点,让学生对铅蓄电池有较全面的理解。接下来引导学生关注体积小、比能量高、寿命长、安全环保的新型二次电池,了解新型二次电池的优良性能和发展前景。发展现象观察与规律认知、实验探究与创新意识等化学学科核心素养。

三、关于燃料电池的教学

通过展示教材图 T1-2-10 燃料电池工作示意图,引导学生观察燃料电池工作时,燃料和氧化剂的走向,引出燃料电池的正、负极和电极反应及电池总反应,引导学生透过现象看本质。教师应注重引导学生关注燃料电池与其他二次电池的区别,以及燃料电池的应用范围,发展现象观察与规律认知、实验探究与创新意识等化学学科核心素养。通过引导学生阅读"化学与强盛中国"栏目,发展科学态度与社会责任等化学学科核心素养。

四、关于废旧电池的资源化处理的教学

首先通过"观察与认知"栏目,引导学生从教材图 T1-2-12 认知垃圾分类标识,并思考废旧电池应该属于哪一类垃圾,激发同学们的学习热情。接下来进一步介绍对电池进行分类回收的原因,即如果不回收处理,电池中对人体有害的重金属会进入土壤、水体甚至大气,对环境产生严重污染,危害人类健康,也浪费了宝贵的金属资源。介绍目前主流的废旧电池的资源化处理方法主要有热处理法、湿处理法、真空热处理法。引导学生树立安全意识、环保意识,自觉践行绿色发展理念,提升社会责任感。发展现象观察与规律认知、实验探究与创新意识、科学态度与社会责任等化学学科核心素养。

实践活动·注重策略

1. 以中国空间站配备的由三结砷化镓太阳能电池组成的柔性太阳电池翼为对象,引导学生上网查阅资料,了解我国在航空航天和清洁能源领域的成就,增强学生民族自豪感。

建议将 4~6 名学生分为一组,让学生查阅资料,了解中国空间站的柔性太阳电池翼;比较砷化镓太阳能电池与硅太阳能电池在性能上的差异,发展宏观辨识与微观探析等化学学科核心素养;让学生合作制作演示文稿在班级中交流,培养团队精神和合作意识。通过实践活动,让学生了解我国在航空航天和清洁能源领域的成就,增强民族自信心,发展科学态度和社会责任等化学学科核心素养。

2. 以"废旧电池回收利用的意义"为题,引导学生查阅资料,了解废旧电池的危害、主要的处理方法以及如何进行废旧电池的资源化处理,为制作废旧电池回收的意义展板准备素材。引导学生充分认识回收废旧电池的重要性,增强学生保护环境的自觉性,同时培养学生获取信息和加工信息的能力,发展科学态度与社会责任等化学学科核心素养。

建议将4~6名学生分为一组,合作完成海报的制作,强调合作赞赏,鼓励思维碰撞,培养团队精神和合作意识,引导学生相互认同,进行积极的自评、互评,发展宏观辨识与微观探析、科学态度与社会责任等化学学科核心素养。根据实际情况,在学校和社区粘贴所制作的海报进行宣传,培养学生的综合素质,发展科学态度与社会责任等化学学科核心素养。

知识拓展·善用资源

一、锂离子电池

锂离子电池是一种以碳素材料为负极,以含锂化合物为正极的二次电池。它主要依靠锂离子在正极和负极之间移动来工作。在充放电过程中,Li^+在两个电极之间往返嵌入和脱嵌:充电时,Li^+从正极脱嵌,经过电解质嵌入负极,负极处于富锂状态;放电时则相反。

锂离子电池能量密度大,平均输出电压高,自放电小。锂离子电池没有记忆效应,工作温度范围宽,循环性能优越,可快速充放电,充电效率高达100%。锂离子电池还具有输出功率大、使用寿命长等优点。因为不含有毒有害物质,被称为"绿色电池"。

二、磷酸铁锂电池

磷酸铁锂电池,是指用磷酸铁锂作为正极材料的锂离子电池。它具有安全性良好,循环寿命长等特点。

三、碱锰电池

碱锰电池,是在碱性锌锰电池的基础上发展起来的。由于应用了无汞化的锌粉及新型添加剂,故又称无汞碱锰电池。这种电池在不改变原碱性电池放电特性的同时,又能充电使用几十次到几百次,比较经济实惠。

教材参考答案

1. 请学生举例说明用过的电池类型及如何处理废旧电池。
2. 造成环境污染。
3. 略。
4. 略。

第三节 电解与电镀

教材内容三析

解析·编写思路

电解工业在工业生产中具有重要作用,许多有色金属和稀有金属的冶炼及金属的精炼,基本化工产品的制备,还有电镀、电抛光、阳极氧化等,都是通过电解实现的。学习和理解电解的基本原理对于培养学生综合素质、提升他们的专业素养具有重要意义。

教材用"中国空间站航天员工作、生活需要的氧气来源"创设情境,引领学生抱着强烈的好奇心和积极的探究欲进入电解的学习。在此基础上,教材通过"观察与认知""实验与探究"栏目引导学生对比石墨电极电解氯化铜溶液和氯化钠溶液的不同现象,思考电解的基本原理和规律。教材在介绍电解原理的应用后,通过"观察与认知"栏目引导学生深入了解电解的重要应用之一——电镀,设置"拓展延伸"栏目结合绿色化学的理念介绍电镀废水"零排放"的重要意义,培养学生严谨踏实的科学态度和保护环境的社会责任意识,发展科学态度与社会责任等化学学科核心素养。

分析·教学内容

一、地位和作用

本节是电化学领域的重要知识,介绍了电解的基本原理及其在生产生活中的应用,如氯碱工业、电解熔融盐制活泼金属、电镀等,是氧化还原知识在拓展模块的升华与应用。

二、与核心素养之间的联系

本节内容主要分为两个部分:电解和电镀。

1. 电解

引导学生观察惰性电极电解氯化铜溶液和氯化钠溶液的不同现象,分析产生不同现象的原因,发展宏观辨识与微观探析、实验探究与创新意识等化学学科核心素养。

2. 电镀

引导学生了解电镀工业对环境造成的影响,提升学生的环境保护意识,发展科学态度与社会责任等化学学科核心素养。

剖析·重点难点

本节的教学重点主要有电解的基本原理及其应用。

电解是电流通过电解质溶液从而产生氧化还原反应的过程,是将电能转化为化学能的过程。用于电解的装置称为电解池。与电源正极相连的电极为阳极,阳极发生的是失电子的氧化反应;与电源负极相连的电极为阴极,阴极发生的是得电子的还原反应。电解的基本原理也是本节的教学难点。电解在工业生产中有广泛应用,如氯碱工业、电冶金、电解精炼、金属防护(电镀、电泳、阳极极化)等。

教学实施建议

本节内容中电解的应用、电解废水的危害等是知识性内容,其他比较抽象的内容,可以通过实验探究的方式进行教学,例如引导学生认识电解与电镀的工作原理。在教学中要把握好教学的深度,不要在知识上作过多的拓宽和深化,可采取情境教学法、任务驱动教学法、实验探究法、讲授法等,建议采用视频、动画等信息化教学手段,充分利用教材中的栏目组织学习活动,通过情境设置,任务驱动的方式,引导学生自主探究和小组合作,完成学习任务,发展现象观察与规律认知、实验探究与创新意识、科学态度与社会责任等化学学科核心素养。

课堂教学·讲究方法

一、关于电解原理的教学

在教学中,教师应该充分考虑到电解池中物质发生电极反应的复杂性,采用逐步递进的方式组织教学内容。可以首先介绍水的电解,在此情况下只需考虑水解离出来的氢离子、氢氧根离子发生的电极反应;其次介绍电解熔融盐,在此情况下电解质解离出来的离子发生电极反应;再介绍电解水溶液,但水不参与电解过程的电极反应;最后介绍电解水溶液,水参与电解过程的电极反应。采用这样的教学组织方式有利于引导学生逐渐深入地认识电解原理,符合学生的认知规律。在教学中,充分利用电解氯化铜溶液和氯化钠溶液这两个基本实验,引导学生从微观角度进行分析,从而解释宏观现象,引导学生积极参与、主动思索,进而总结电解的基本原理和一般规律。

二、关于电解原理的应用的教学

电解原理的应用是在学生理解电解的基本原理之后的拓展与延伸。在氯碱工业和电冶金的教学中，教师可以引导学生复习惰性电极电解的基本原理，为学习金属电极参与电解过程做好铺垫。电解精炼和金属防护是金属电极参与电解过程的典型实例，在原理的教学中可以结合图示、实验等，引导学生通过实验探究、交流讨论等多种形式进行学习。

知识拓展·善用资源

一、电解饱和食盐水时，为什么要用隔膜将阴极区和阳极区隔开？

电解饱和食盐水是氯碱工业的基础，利用该反应能制得氯气、氢气、氢氧化钠等多种重要的化工原料。在电解过程中，在电场的作用下，阳离子向阴极移动，而阴离子向阳极移动。由于氯离子在阳极失去电子生成氯气，若不使用隔膜将阴极区和阳极区隔开，氢氧根离子会向阳极移动，从而与氯气发生反应，既减少了氯气的产量，又会使得到的氢氧化钠纯度降低。因此，必须使用隔膜阻止氢氧根离子向阳极移动。

二、为什么钠、镁、铝等金属需要用电解法制取？

常见的制取金属的方法有热分解法、还原法及电解法。采用何种方法制取金属与金属的活动性顺序有关。对于特别活泼的金属（如钠、镁、铝等），由于使用一般的还原剂无法将它们从化合物中还原出来，因此只能采用电解法制取。

电解法可以分为电解水溶液法及电解熔融盐法。由于钠、镁、铝的离子的稳定性均强于氢离子，电解水溶液只会是氢离子得电子生成氢气，因此制取这些金属均需要采用电解熔融盐的方法。工业上常采用电解熔融氯化钠的方法制取金属钠，采用电解熔融氯化镁的方法制取金属镁，采用电解氧化铝的方法制取金属铝。由于氧化铝的熔、沸点非常高，因此，电解时常在氧化铝中加入适量的冰晶石，以降低氧化铝的熔融温度。

教材参考答案

1. （1）A；

    （2）阴，$Cu^{2+}+2e^-=\!=\!=Cu$。

2. （1）防止氢气和氯气混合发生爆炸；

    （2）防止阳极区产生的氯气与阴极区的氢氧化钠反应。

3. 铁制品置于阳极，则铁本身失电子，铁制品逐渐溶解；铁制品置于阴极，则可以实现在铁制品上镀铜。

4. 略。

第四节　金属的腐蚀与防护

教材内容三析

解析·编写思路

对于金属来说,电化学腐蚀要比化学腐蚀普遍得多也严重得多。同时在金属防护的众多方法中,电化学防护也是十分有效的方法。教材在学生学习了电化学的基本原理后,设计了"金属的腐蚀与防护"一节,引导学生关注日常生活的同时培养学生运用所学知识解决实际问题的能力。

教材从"我国采取了哪些措施,对三峡水利枢纽工程人字钢闸门进行防腐"这一问题出发创设情境,引导学生结合"观察与认知"栏目观察铁制品生锈与环境(干燥或潮湿)的关系,分析教材图 T1-4-2、图 T1-4-3 所示的微观示意图表示的钢铁制品发生腐蚀的原因,并在观察与思考中联系电化学的基本知识,运用原电池原理分析发生腐蚀时可能发生的电极反应,最后引导学生在交流讨论的基础上总结出金属电化学腐蚀的原理、发生条件以及影响腐蚀速率的因素,从而自主完成"金属腐蚀"的知识生成。以此为基础,教材通过"观察与认知""交流与讨论"栏目引导学生交流常见的防止钢铁制品腐蚀的方法,以及重点介绍利用电化学原理防止金属腐蚀的方法,促使学生在原有知识的基础上获得进一步的提高。

最后,教材设置"化学与强盛中国"栏目介绍港珠澳大桥的防腐措施,既是理论应用于实践的典例,更是精益求精的工匠精神的体现,将课程思政元素有机融入化学课程的教育教学中。

分析·教学内容

一、地位和作用

本节教材是在学生学习完电化学原理之后,引导学生一方面巩固所学的电化学知识,另一方面利用电化学知识解决生产生活中的实际问题,既是温故知新,又是学以致用。

二、与核心素养之间的联系

本节内容主要分为两个部分:金属腐蚀和金属防护。

1. 金属腐蚀

引导学生列举生活中常见的易生锈金属制品和易导致金属腐蚀的环境,了解金属腐蚀的原因;引导学生查阅资料和观察日常生活,了解金属材料腐蚀的危害,发展现象观察与规律认知、科学态度与社会责任等化学学科核心素养。

2. 金属防护

引导学生查阅资料和观察日常生活,了解金属防护的方法,发展现象观察与规律认知、科学态度与社会责任等化学学科核心素养。

剖析·重点难点

本节的教学重点主要有金属的电化学腐蚀及金属的电化学防护原理。

金属与其外围环境的物质接触并发生化学反应,导致金属结构受到破坏的过程,称为金属腐蚀。金属腐蚀的本质是金属失去电子被氧化。金属的腐蚀一般分为化学腐蚀和电化学腐蚀,不纯的金属跟电解质溶液接触时,会发生原电池反应,比较活泼的金属失去电子被氧化,这种腐蚀称为电化学腐蚀。

钢铁制品中除了主要成分铁之外,还含有碳、硫等杂质。在潮湿的环境中,由于金属表面的吸附作用,钢铁制品的表面形成了一层极薄的水膜。这层水膜因为溶解了大气中的 CO_2、SO_2、O_2 等气体,成为电解质溶液。钢铁制品与其表面的水膜就形成了许多以铁为负极、杂质碳为正极的微小原电池(简称微电池)。由于微电池的作用,负极的铁发生氧化反应生成 Fe^{2+},Fe^{2+} 与水膜中的 OH^- 及空气中的 O_2 反应生成铁锈,铁制品发生了腐蚀。在金属腐蚀中,电化学腐蚀要比化学腐蚀严重得多。

电化学腐蚀中,原电池的负极(阳极)因为发生氧化反应而被腐蚀,而原电池的正极(阴极)发生的是还原反应,不被腐蚀。让需要保护的金属作为正极(阴极),就能有效防止其被腐蚀,这一方法称为牺牲阳极的阴极保护法。把需要保护的金属与外接电源的负极相连,使其成为电解池的阴极。电解时,电解池的阴极材料不会反应,金属得到保护,这一方法称为外加电流的阴极保护法。

本节的教学难点主要有钢铁析氢腐蚀和吸氧腐蚀的电化学原理。

金属在弱酸性或中性溶液里,微电池正极发生水膜中的 O_2 得电子被还原的反应,即为吸氧腐蚀,电极反应为:

负极(铁):$Fe - 2e^- = Fe^{2+}$

正极(碳):$2H_2O + O_2 + 4e^- = 4OH^-$

若水膜酸性比较强,微电池电极则发生 H^+ 得电子生成 H_2 的反应,即为析氢腐蚀,电极反应为:

负极(铁)：$Fe-2e^-=\!=\!=Fe^{2+}$

正极(碳)：$2H^++2e^-=\!=\!=H_2\uparrow$

教学实施建议

本节内容中金属的电化学腐蚀及金属电化学防护原理等内容相对比较抽象,可以通过列举日常生活中金属材料的腐蚀现象,引导学生理解金属腐蚀的原理和金属防护的方法,了解金属防护在生产生活中的应用。可以通过实验探究的方式,让学生自主学习,在教学中要把握好教学的深度,可以采取情境教学法、任务驱动教学法、实验探究法、讲授法等,建议采用信息化教学手段,通过情境设置,引导学生自主探究和小组合作,完成学习任务,发展现象观察与规律认知、实验探究与创新意识、科学态度与社会责任等化学学科核心素养。

课堂教学·讲究方法

一、关于金属腐蚀的教学

在设计本知识点的教学时,教师可以以教材中的"情境与问题"栏目为出发点,提供一些有关金属腐蚀所造成的经济损失的数据,使学生认识到金属腐蚀的危害,激发学生研究金属腐蚀原理的兴趣。然后结合"观察与认知"栏目观察铁制品生锈与环境(干燥或潮湿)的关系,引出金属腐蚀的两种不同情况。可以引导学生借助实验进行钢铁的析氢腐蚀与吸氧腐蚀的探究。引导学生在观察实验现象的基础上,运用原电池原理分析可能发生的电极反应。最后引导学生在交流讨论的基础上总结金属电化学腐蚀的原理、发生的条件。

教学中,应着力引导学生积极参与、主动思索,培养学生运用原电池的基本原理解释实际问题的能力,发展现象观察与规律认知等化学学科核心素养。

二、关于金属防护的教学

对于金属防护的方法,学生除了对电化学方法了解不多之外,对其他方法都比较熟悉。在设计金属的电化学防护的教学时,教师不但应注意密切联系生产生活实际,充分调动学生的学习积极性,还应注意将防腐方法与化学原理相结合。可以设计成探究教学的形式,先引导学生回忆钢铁腐蚀的原因,总结出钢铁腐蚀的本质是铁失去电子。然后引导学生结合电化学的知识分析得出原电池的正极或电解池的阴极都是受保护的,从而得出金属的电化学防护的方法。在教学中,教师也应培养学生辩证地看问题的习惯,使学生认识到除了需要防止金属的腐蚀外,在某些条件下也可以利用金属腐蚀的原理为生产生活服务,发展科学态度与社会责任等化学学科核心素养。

三、关于学生实验的教学

引导学生完成电化学腐蚀与金属防护的实验,使他们理解金属腐蚀的原理和金属防护的方法。注意引导学生观察铜锌原电池的实验现象,用规范的化学语言记录和解释现象,学会判断电池正、负极发生的反应,理解原电池的工作原理。引导学生讨论金属防护的原理,归纳金属防护方法;通过观察比较纯金属分别与稀酸和盐反应的现象,解释金属电化学腐蚀的原因和电化学防护的基本原理。引导学生学会简单的电镀操作,养成合作互助的工作习惯。进一步发展实验探究与创新意识、科学态度与社会责任等化学学科核心素养。

知识拓展·善用资源

如何防止铝制容器的腐蚀

相对于铁制品而言,铝制品更耐腐蚀,这主要是由于铝能与空气中的氧气发生反应生成一层致密的氧化膜,阻止内部的铝与空气进一步反应。但是如果铝制品使用不当,同样会被腐蚀。具体来说,在使用铝制容器时应注意以下问题。

1. 不能用铝制容器盛放酸性或碱性溶液

铝和氧化铝薄膜都能和许多酸性或碱性物质发生化学反应。一旦氧化铝薄膜被酸性溶液或碱性溶液破坏,则内部的铝就会与酸性或碱性溶液发生反应而渐渐被侵蚀。所以铝制品不能用酸性溶液或碱性溶液洗刷,也不能用铝制容器盛放食醋、洗衣粉或纯碱等物质。

2. 避免划破铝制容器

使用铝制容器时应尽量避免划破氧化膜,更不能将氧化膜刮掉。当铝制容器上沾了油污时,不可以用煤灰、砂纸等擦刷,可以使用中性洗衣粉将其洗净。

3. 不能用铝制容器盛放食盐或食盐水

使用铝制容器时,还应注意不能在铝制容器中盛放食盐或食盐水,因为有氯离子的存在,会加速破坏氧化铝薄膜而使其失去保护作用。

教材参考答案

1. C。
2. 略。
3. (1) $Fe-2e^-=\!=\!=Fe^{2+}$;
   (2) 略;
   (3) $2H^++2e^-=\!=\!=H_2\uparrow$;
   (4) 更活泼。

教学设计案例

课题名称	原电池
教材分析	"原电池"是高等教育出版社出版的《化学（加工制造类）》教材专题一"电化学基础与金属防护"第一节的教学内容，是电化学的重要知识。教材通过"情境与问题"栏目中红外体温检测仪的电池引出原电池的概念，通过"观察与认知"栏目进一步挖掘原电池的原理和组成条件，接着教材通过"化学与强盛中国"栏目介绍"深海勇士"号载人潜水器及其所用的电池。教材紧密联系生活实际，激发学生学习化学的兴趣，启发学生运用已学化学知识解决实际问题，培养学生的创新精神
学情分析	**知识与能力基础：** 1. 学生已经学习了基础模块中的氧化还原反应、离子反应等内容，这些知识储备有助于学生构建"原电池"的知识体系。 2. 学生已经掌握了基本的实验技能，基本上都养成了良好的思考、讨论、探究的习惯，能够进行合作探究。 **心理特点：** 学生对电有着丰富而又强烈的感性认识，对实验探究感兴趣；但对于理论学习兴趣不高
教学目标	1. 了解原电池的组成，认识原电池的工作原理，知道电极反应及电池总反应。 2. 通过原电池构成条件的实验探究，初步建立原电池的理论模型。 3. 感受原电池的应用价值，通过自行设计简单的原电池，增强创新意识
核心素养	通过引导学生观察实验现象，观看多媒体展示原电池的微观原理，发展宏观辨识与微观探析等化学学科核心素养。 通过引导学生查阅资料，了解生活中的新型电池，发展科学态度与社会责任等化学学科核心素养
教学重点	原电池的构成条件及原电池的原理
教学难点	原电池的原理及电极方程式的书写
教学方法	教法：情境教学法、任务驱动法； 学法：实验探究法、合作学习法

	教学环节	教师活动	学生活动	设计意图
课前	课前准备	1. 准备实验所需材料。 2. 根据学生综合情况进行分组。 3. 布置任务：收集生活中常用的电池。 4. 布置预习任务	1. 收集生活中常用的电池。 2. 预习新课	结合生活案例，提高学生的学习兴趣，有利于提高教学效果

续表

教学环节	教师活动	学生活动	设计意图
环节一 创设情境	【播放视频】水果充电宝 用橙子给手机充电。 【提问】 生活中常见的水果可以变成发电的电池,你们知道是如何做到的吗？通过什么样的装置可以将化学能转化为电能？	【思考】 观看实验展示以及视频内容,进行思考	通过实验创设真实的情境,视频与学生的实际生活相联系,激发学生的学习兴趣
环节二 原电池的构成条件 （课中）	【演示实验】 按照展示的四种装置,进行演示实验。 装置1：Zn、Cu插入稀H_2SO_4 装置2：Zn、Cu通过电流计A相连插入稀H_2SO_4 装置3：Zn、Zn通过电流计A相连插入稀H_2SO_4 装置4：Zn、Cu通过电流计A相连插入乙醇 【教师引导】 在四组实验中,只有装置2有电流产生,在化学上将化学能转化为电能的装置称为原电池。 【引导】 对比装置1与装置2不难发现,装置1缺少导线,没有形成闭合回路。构成回路是原电池的条件之一。引导学生自行比较一下装置2与装置3、装置2与装置4,思考构成原电池还需要哪些条件？	【观察现象】 认真观察实验现象： 装置1中锌片逐渐溶解,表面有气泡,铜片表面无气泡； 装置2中锌片逐渐溶解,铜片表面有气泡,电流计指针发生偏转； 装置3中两片锌片逐渐溶解且表面都有气泡,电流计指针不偏转； 装置4无现象。 【独立思考】 装置2与装置3相比,装置2两个电极不同,而装置3中用的都是锌电极；装置2与装置4相比,装置2烧杯中为电解质,装置4烧杯中为非电解质。 【得出结论】 原电池构成条件主要有三点： 1. 具有两个活动性不同的电极(金属与金属或能导电的非金属)。 2. 两个电极均插在电解质溶液中。 3. 两个电极用导线相连,形成闭合回路	在教师的引导下,学生独立思考,培养学生自我构建知识体系的能力。给学生足够的思考时间,培养学生的发散思维,让学生自行比较分析,培养学生的逻辑思维能力以及语言表达能力

教学环节	教师活动	学生活动	设计意图
课中 环节三 原电池的形成原理	【多媒体展示原电池的微观原理】 稀硫酸溶液　　稀硫酸溶液 【提问】 每个电极上发生了什么反应？写出反应方程式。 【继续提问】 思考原电池的正负极（提示学生电流的方向与电子的流动方向相反，并且从正极流向负极）以及总的电池反应式	【观察分析】 观察原电池形成的微观过程，在视频动画中，锌电极中的锌原子失去两个电子发生氧化反应，形成锌离子，电子通过导线流向铜电极，氢离子结合电子生成氢气。 【写方程式】 书写反应方程式： 锌电极：$Zn-2e^-=\!=\!=Zn^{2+}$ 铜电极：$2H^++2e^-=\!=\!=H_2\uparrow$ 【回答】 在展示的原电池中铜为正极，锌为负极，因为电子从锌极流向铜极。 原电池总反应方程式： $Zn+2H^+=\!=\!=Zn^{2+}+H_2\uparrow$	通过一系列的提问引导学生梳理原电池的工作原理，让学生从现象到本质理解电能产生的本质原因，发展宏观辨识与微观探析等化学学科核心素养
环节四 双液原电池	【过渡】 介绍铜锌单液原电池的弊端，即因为锌与硫酸铜溶液直接接触，造成部分锌与铜离子直接反应，附着在锌的表面，一部分电子不走导线，直接移动至新析出的铜上，导致外电路电流减小。也即发生了"短路"。 【提出双液原电池】	【观察分析】 外电路：Zn 失去的电子沿导线通过电流计进入铜片。 内电路：Zn 原子失去电子成为 Zn^{2+} 进入溶液，使 $ZnSO_4$ 溶液因 Zn^{2+} 浓度增加而带正电，盐桥中的 Cl^- 会移向 $ZnSO_4$ 溶液；同时 Cu^{2+} 获得电子析出成为金属铜沉淀在铜片上，使 $CuSO_4$ 溶液因 SO_4^{2-} 浓度相对增加而带负电，盐桥中的 K^+ 移向 $CuSO_4$ 溶液。	引导学生从观察宏观实验现象到理解微观实验原理，发展宏观辨识与微观探析等化学学科核心素养

续表

	教学环节	教师活动	学生活动	设计意图
课中	环节四 双液原电池	【多媒体展示微观原理】 【提问】 思考电池的正、负极反应以及电池总反应式	【写方程式】 书写反应方程式： 锌电极：$Zn-2e^-==Zn^{2+}$ 铜电极：$2H^++2e^-==H_2\uparrow$ 电池总反应： $Zn+2H^+==Zn^{2+}+H_2\uparrow$	
	环节五 总结评价	1. 总结原电池的组成及工作原理。 2. 发布课堂练习。 3. 评价学生课堂表现及练习情况	【聆听】 完成课堂练习，发现问题，查漏补缺	总结有助于学生及时巩固新的知识点，评价环节有助于增加团队之间的竞争力，激发学生兴趣
课后	课后提升	【科学探究】 你能否利用氧化还原反应：$Fe+2Ag^+==Fe^{2+}+2Ag$ 设计一个带盐桥的双液原电池？（盐桥内可装 KNO_3 溶液）	【思考分析】 设计简单的原电池	学以致用，由学生自己设计，增强学生设计实验的能力，调动学生学习的主动性

教学评价：

1. 交流与点评原电池构成条件的实验探究设计，提高学生的实验探究水平。
2. 引导学生自行设计原电池，提高学生对理论知识的认识和运用水平。

教学反思：

本堂课通过设置问题引入，能够引起学生的学习兴趣，学生积极参与实验探究，发展化学学科核心素养。但总体来说，本节课的内容较多，时间安排较为紧张，没有给学生尽可能多的时间思考，导致部分学生不能完全理解教学内容，无法完成原电池方案的设计。

教学评价反思

通过本主题教学,您有哪些收获和不足,请填入表中。

节	重点、难点把握	核心素养培育	学生积极性调动	教学设计亮点	信息化手段应用	教学效果	其他
原电池							
电池的类型							
电解与电镀							
金属的腐蚀与防护							
学生实验:电化学腐蚀与金属防护							

专题二

化学与材料

课程标准要求

节	内容要求	学时分配建议（共3学时）
无机非金属材料	知道半导体材料、特种陶瓷和激光材料的性质，认识它们的应用与发展前景，了解我国在材料科学研究领域取得的重大成就	1
金属材料	知道普通合金、新型合金材料的性质，认识超导材料的特性	1
高分子材料	认识高分子材料，了解典型高分子材料的组成、性能及应用	0.5
学生实验：胶黏剂的配制和使用	通过实验初步学会环氧树脂胶黏剂的配制方法；使用常用胶黏剂对金属与金属、橡胶与橡胶、陶瓷片与陶瓷片、金属与陶瓷片、木材与陶瓷片等材料进行黏结，学会黏结过程中前处理、上胶、放置、检查等相关操作。进一步发展实验探究与创新意识、科学态度与社会责任等化学学科核心素养	0.5

第一节　无机非金属材料

解析·编写思路

新能源、新材料是当今社会发展的一个主旋律。无机非金属材料与生产生活联系密切,无机非金属材料的主角——硅及其化合物在社会经济发展过程中发挥了重要作用。教材按照"特种陶瓷→半导体材料→激光材料"顺序编排,拉近了学生与新材料、新技术之间的距离。

教材从 LED 显示屏、人工关节和舞台激光这些生活中的物品出发创设情境,提出问题,使学生抱着强烈的好奇心和积极的探究欲进入无机非金属材料的学习。在此基础上,教材通过"观察与认知""实践活动"栏目使学生从身边接触的不同种类的特种陶瓷、半导体材料以及激光材料出发进行联想、质疑、自主探索,初步了解特种陶瓷、半导体材料和激光材料的性质。教材以性质为先导,引导学生认识它们的应用与发展前景,了解我国在材料科学研究领域取得的重大成就,进一步发展科学态度与社会责任等化学学科核心素养。教材通过"实践活动"栏目进一步促使知识内化和升华,引导学生通过实地走访,了解特种陶瓷在切削工具、微波器件、介电材料等领域的应用以及现代汽车发动机如何提高热效率,培养学生的民族自豪感和精益求精的工匠精神。

分析·教学内容

一、地位和作用

本节是本主题的第一节,突出体现这一节内容在实际生产应用中的重要作用。无机非金属材料是学生在学习了常见非金属单质及其化合物的性质之后,在对物质的结构有了初步认识的基础上进行的拓展。对学生充分理解"结构决定性质"的概念有重要的指导作用。

二、与核心素养之间的联系

本节内容主要分为三个部分:特种陶瓷、半导体材料和激光材料。

1. 特种陶瓷

通过引导学生了解各种特种陶瓷的应用与发展前景,以及我国在特种陶瓷研究领域取得的重大成就,培养学生的民族自豪感,发展科学态度与社会责任等化学学科核心素养。

2. 半导体材料

通过引导学生了解各种半导体材料的应用与发展前景,以及我国在半导体材料研究领域取得的重大成就和推动现代信息技术的发展和进步方面所作的重要贡献,培养学生精益求精的工匠精神,发展科学态度与社会责任等化学学科核心素养。

3. 激光材料

通过引导学生了解激光的特性、激光材料的性质以及它们的应用与发展前景,发展科学态度与社会责任等化学学科核心素养。

剖析·重点难点

本节的教学重点主要有特种陶瓷的性质。

特种陶瓷具备光、电、磁、化学和生物学等方面的特性和功能,主要包括高温陶瓷、超硬陶瓷、生物陶瓷、电子陶瓷等。高温陶瓷如氧化铝陶瓷、氧化镁陶瓷等,其熔点很高,是很好的耐高温和耐火材料。超硬陶瓷如氮化硅陶瓷、碳化硅陶瓷、碳化硼陶瓷等,具有硬度大、耐磨损的特点。氧化铝陶瓷还可被制成生物陶瓷。

本节的教学难点主要有激光的性质及其应用。

激光是一种受激发辐射放大的光,具有高定向性、高单色性、高相干性、高亮度性以及可调谐等特点。目前比较成熟的应用有激光焊接、激光划片、激光表面处理、激光打孔和激光切割等。激光准直与定向技术可以用来制造激光指向仪、激光铅直仪、激光水准仪和激光经纬仪等,用于大型装备建设和建筑施工。

教学实施建议

本节主要介绍了三大无机非金属材料,主要是知识性内容,在教学中要把握好教学的深度。可以采取情境教学法、任务驱动教学法、实验探究法、讲授法等,建议采用信息化教学手段,展现无机非金属材料在国民生产中发挥的重要作用,充分利用教材中的栏目组织学习活动,引导学生自主探究和小组合作,完成学习任务,发展化学学科核心素养。

一、关于特种陶瓷的教学

教师预先布置"实践活动"栏目任务,以教材中的"观察与认知"栏目为出发点,引导各学习小组以"特种陶瓷的应用"为主题制作演示文稿,介绍特种陶瓷的应用。以超硬陶瓷为例进行提问:"超硬陶瓷的主要成分是什么,为什么其硬度如此之高?"引导学生从"硬度接近金刚石"联想超硬陶瓷与金刚石结构的相似之处,深化"结构决定性质"的理念。将超硬陶瓷的应用与它们的主要组成物质是原子晶体的本质结合起来,发展宏观辨识与微观探析等化学学科核心素养。

二、关于半导体材料的教学

在教学过程中,可以引导学生从硅在自然界中的存在形式和化学性质的角度,分析硅成为芯片的主要材料的原因:(1)硅元素在地壳中的含量巨大,含量仅次于氧元素;(2)硅元素的提纯技术成熟,制作成本低,如今硅的纯度可以达到99.999 999 999%;(3)硅元素的性质稳定;(4)硅本身是无毒无害的物质。通过引导学生了解硅半导体材料的性质和发展历程,明确硅半导体材料仍是电子信息产业最主要的基础材料,发展科学态度与社会责任等化学学科核心素养。

三、关于激光材料的教学

首先通过"观察与认知"栏目,让学生对激光与普通灯光有直观的了解,激发学习激光及其组成的兴趣。引导学生通过观察教材图T2-1-17,让学生进一步了解激光材料的用途;再通过观察教材图T2-1-18,了解激光材料的大型装备,并通过"拓展延伸"栏目,让学生了解中国是世界上为数不多的几个有能力制造高纯度晶体硅的国家,具有从原料到设备再到应用系统的完整的光伏产业链,提升学生的民族自豪感。教学中,应落实立德树人根本任务,引导学生积极参与、主动思考,发展科学态度与社会责任等化学学科核心素养。

实践活动·注重策略

1. 以特种陶瓷为对象,引导学生通过走访切削工具市场、电器市场等,并查阅资料,了解特种陶瓷在切削工具、微波器件、介电材料领域的应用,了解特种陶瓷对人类生产生活的深刻影响及其发展前景,制作演示文稿进行交流。培养学生获取信息、加工信息的能力和团队协作能力,发展科学态度与社会责任等化学学科核心素养。

2. 以"手机功能的发展"为研究对象,让学生了解手机功能的迅速发展:从最初的打电话发短信功能到今天的上网、看视频、收发邮件、支付、导航等功能,指出手机功能、通信业发展(如5G通信)和半导体材料的发展有很大的关系。指导学生分小组查阅、整理资料,了解与手机制造和手机通信相关的半导体材料的发展,撰写小论文。在活动中培养学生获取信息和加工信息的能力,发展学生精益求精的工匠精神和锲而不舍的钻研精神。

3. 以汽车发动机为研究对象,针对传统汽车发动机的缺点,引导学生思考如何有效解决这个问题。根据实际条件,走访汽车工厂或者汽车修理厂,或者查阅资料,培养学生的观察能力、语言表达能力、团队合作意识以及获取信息和加工信息的能力,发展科学态度与社会责任等化学学科核心素养。

知识拓展·善用资源

一、碳化硅及其应用

碳化硅是由硅元素与碳元素以共价键结合的非金属碳化物,硬度仅次于金刚石和碳化硼,化学式为SiC。碳化硅是无色晶体,外表氧化或含杂质时呈蓝黑色。具有金刚石结构的碳化硅变体又称金刚砂。碳化硅的硬度接近金刚石,热稳定性好。碳化硅不溶于氢氟酸水溶液和浓硫酸，而溶于浓氢氟酸与硝酸的混合酸或磷酸。

1. 碳化硅在半导体领域的应用

碳化硅纳米材料由于自身的微观形貌和晶体结构，具备更多独特的优异性能和更加广泛的应用前景，被普遍认为有望成为第三代半导体材料的重要组成单元。

第三代半导体材料即高温半导体材料，主要包括碳化硅、氮化镓、氮化铝、氧化锌、金刚石等。这类材料具有宽的禁带宽度、高的热导率、高的击穿电场、高的抗辐射能力、高的电子饱和速率等特点，适用于高温、高频、抗辐射及大功率器件的制作。第三代半导体材料凭借着其优异的特性，未来应用前景十分广阔。

2. 碳化硅在航空领域的应用

碳化硅可以制作成碳化硅纤维，碳化硅纤维主要用作耐高温材料和增强材料。用作耐高温材料时可以作为热屏蔽材料或者用作耐高温输送带、过滤高温气体或熔融金属的滤布等。用作增强材料时，常与碳纤维或玻璃纤维合用，以增强金属（如铝）和陶瓷为主，如做成喷气式飞机的刹车片、发动机叶片、着陆齿轮箱和机身结构材料等。碳化硅纤维还可以用于制造体育用品，其短切纤维则可用作高温炉材等。

二、碳纤维复合材料

碳纤维复合材料是一种由高强度碳素纤维和碳素基质构成的复合材料。该复合材料具有耐高温、抗拉伸、比强度高、耐腐蚀、比模量高、密度小、耐久性好、受外界温度、湿度影响小等特性。

碳纤维复合材料的主要应用领域有：（1）航空航天领域。由于碳纤维复合材料的热稳定性好，比强度、比刚度高，可用于制造飞机机翼和前机身、卫星天线及其支撑结构、太阳能电池翼和外壳、大型运载火箭的壳体、发动机壳体、航天飞机结构件等。（2）汽车工业。由于碳纤维复合材料具有特殊的振动阻尼特性，可减振和降低噪声，抗疲劳性能好，损伤后易修理，便于整体成形，故可用于制造汽车车身、受力构件、传动轴、发动机架及其内部构件。（3）化工、纺织和机械制造领域。有良好耐蚀性的碳纤维与树脂基体复合而成的材料，可用于制造化工设备、纺织机、造纸机、复印机、高速机床、精密仪器等。（4）医学领域。碳纤维复合材料具有优异的力学性能和不吸收 X 射线的特性，可用于制造医用 X 光机和矫形支架等。碳纤维复合材料还具有生物组织相容性和血液相容性，生物环境下稳定性好，因而也用作生物医学材料。

此外，碳纤维复合材料还用于制造体育运动器件等，例如壁球、网球和羽毛球拍、高质量箭杆、曲棍球杆、钓鱼竿、冲浪板以及高端游泳脚蹼和划艇壳等。

教材参考答案

1. 略。
2. 略。

第二节　金属材料

解析·编写思路

人类文明的发展和社会的进步与金属材料的关系十分密切。种类繁多的金属材料已成为人类社会发展的重要物质基础，金属及其合金已成为机械制造业、建筑业、电子工业、航空航天、核能利用等领域不可缺少的结构材料和功能材料。

教材从"奋斗者"号载人潜水器出发创设情境，提出问题"制造载人舱都用了哪些材料"，激发学生的求知欲，使学生抱着强烈的好奇心和积极的探究欲进入金属材料的学习。在此基础上，教材通过"观察与认知""实践活动"栏目使学生从不同时代飞机中铝合金的应用、汽车配件中金属材料的应用以及超导材料等主题出发进行观察思考，通过查阅资料或实地走访，使学生初步了解合金、铝合金、铜合金以及各种新型合金的性质及其应用。教材以性质为先导，引导学生认识各种合金的应用与发展前景，了解我国在金属材料和超导材料领域的发展水平，进一步发展实验探究与创新意识、科学态度与社会责任等化学学科核心素养，培养学生的民族自豪感和精益求精的工匠精神。

分析·教学内容

一、地位和作用

本节是"无机非金属材料"之后的内容，在学习了非金属材料在生产生活中的应用之后，学生对金属材料有了更浓厚的兴趣。前期学习的常见金属的性质，对学习金属材料也有着重要作用。

二、与核心素养之间的联系

本节内容主要分为两个部分：普通合金和新型合金。

1. 普通合金

引导学生了解传统合金材料的性能以及锰钢、不锈钢、防锈铝合金、高强度铝合金等一系列性能更优越的改良合金，进而了解我国金属材料在生产生活中的应用和研究领域取得的重大成就，让学生明白合金的"性质决定用途，用途反映性质"，激发学生的民族自豪感，发展科学态度与社会责任等化学学科核心素养。

2. 新型合金

教材主要介绍了三种新型合金：储氢合金、形状记忆合金和超导合金。通过引导学生了解储氢合金、形状记忆合金和超导合金等新型合金的结构与性能，知道它们在生活生产、科学研究领域的重要应用，激发学生学习化学的兴趣，培养学生精益求精的工匠精神和积极探索的科学品质，发展实验探究与创新意识、科学态度与社会责任等化学学科核心素养。

剖析·重点难点

本节的教学重点主要有各种合金的性质和应用。

生铁硬度大、抗压性强，多用于制造机座、管道等。锰钢硬度大、耐磨，可制成工具。不锈钢具有不易生锈的特性，广泛应用在建筑装饰领域及日常生活等。防锈铝合金具有耐腐蚀性、良好的塑性和较高的强度，用于制造油箱、容器、管道、铆钉等。高强度铝合金具有高强度和高硬度的特性，可用于制作飞机零件和承受载重的高级运动器材。铜合金具有较强的强度、耐磨性和优异的塑性，良好的导电性和导热性，在许多介质中具有良好的耐腐蚀性，在电力、仪表、海水淡化、石油化工、船舶制造和加工制造等行业得到广泛应用。

储氢合金能可逆地与氢形成金属氢化物，实现储氢和放氢，储氢过程不需要消耗能量，放氢过程消耗的能量也不高，工作压力低，操作简便、安全，因而在氢燃料电池领域有广泛应用。形状记忆合金是具有记忆形状并能自动恢复形状能力的新型合金。由于具有形状记忆的特性和良好的机械性能、耐腐蚀性能、超弹性、生物相容性，形状记忆合金广泛应用于航空航天领域、汽车制造领域、生物医学领域及日常生活等。

超导合金的特性既是本节的教学重点，也是本节的教学难点。

在一定温度下电阻突然消失的现象称为超导现象，具有这种现象的合金就是超导合金。合金出现超导现象需要达到临界温度，临界温度通常是超低温。零电阻现象和完全抗磁性是超导合金的两大基本特性。超导合金在磁体、电子仪器和器件、电网改造等方面都有应用。

教学实施建议

我国是世界上最早使用合金的国家之一。本节内容主要是知识性内容，在教学中要把握好教学的深度，可以适当补充当前先进的合金材料。可采取情境教学法、任务驱动教学法、实验探究法、讲授法等，建议采用信息化教学手段，充分利用教材中的栏目组织学习活动，通过情境设置，任务驱动的方式，引导学生自主探究和小组合作，完成学习任务，达成教学目标，发展化学学科核心素养。

课堂教学·讲究方法

一、关于普通合金的教学

以铝合金的教学为例。以教材"观察与认知"栏目中铝和铝合金在熔点、硬度、耐腐蚀能力方面的比较引入，结合教材图 T2-2-3 飞机上的铝合金制品或是生活中的铝制品、铝合金门窗、舰艇等学生相对熟悉的图片或实物，引发学生思考：铝合金有怎样的特性使得它可以上天入海？通过引导学生了解传统铝合金和防锈铝合金、高强度铝合金的性质对比和不同应用，体会"结构决定性质"的理念，学习科研工作者勇于创新、不懈追求的科研精神，发展科学态度与社会责任等化学学科核心素养。

二、关于新型合金的教学

以储氢合金的教学为例。可以从储氢合金的优势出发，激起学生强烈的环保意识和求知欲。结合教材图 T2-2-8 储氢原理，引导学生了解储氢合金的种类和储氢原理。通过引导学生学习储氢合金的原理、性质和应用，发展实验探究与创新意识、科学态度与社会责任等化学学科核心素养。

实践活动·注重策略

1. 以"百年铝材百年航空"为主题，介绍国产 C919 大型客机的成功首飞，通过展示我国在航空航天领域取得的成果，激发学生的民族自豪感和爱国热情。随后引导学生查阅资料，了解不同时代飞机中应用的铝合金材料，以及我国铝合金材料的研发和应用情况，制作演示文稿进行交流。培养学生获取信息和加工信息的能力，发展科学态度与社会责任等化学学科核心素养。

2. 以"汽车配件"为研究对象，探寻汽车中的电线芯、汽车外壳、发动机和排气管等配件所用的材料及使用原因，根据当地实际条件，走访附近的 4S 店、汽车修理厂或者汽车制造厂等相关工厂进行参观交流，也可以查阅资料作为补充。在活动中培养学生的观察能力和语言表达能力，以及获取信息和加工信息的能力，发展科学态度与社会责任等化学学科核心素养。

3. 将 4~6 名学生分为一组，指导学生通过小组合作的方式，查阅关于超导材料实际应用的新闻和案例，制作宣传海报，向校内其他专业的同学普及超导材料的知识和应用。在活动中培养学生分工合作、团结创新的合作精神以及获取信息和加工信息的能力，发展实验探究与创新意识、科学态度与社会责任等化学学科核心素养。

知识拓展·善用资源

一、铝锂合金与航空飞行器

新材料是航空航天技术的重要基础,航空航天技术的发展又不断对材料提出新的要求。铝锂合金是近十几年来航空金属材料中发展较为迅速的一种材料。

锂是世界上最轻的金属元素,把锂作为合金元素加到金属铝中,就形成了铝锂合金。铝锂合金具有低密度、高强度的特点。若用其代替常规的铝合金,可使构件质量减轻,强度提高,并具有较高的工作温度、较好的高温韧性与加工性能,且价格便宜。因此,铝锂合金是21世纪航空飞行器较理想的结构材料之一。我国"神舟"系列载人飞船的许多部件就是用铝锂合金制造的。

二、钛的应用

2020年11月10日,我国独立研究和制造的深海潜航器"奋斗者"号,在10 909 m的马里亚纳海沟成功坐底,创造了我国载人深潜的新纪录,体现了我国在海洋高技术领域的综合实力。"奋斗者"号深海潜航器的主要耐压壳体是由钛合金制造的。

钛和钛合金被认为是21世纪的重要金属材料,广泛应用于医疗、火箭、导弹、航天飞机、船舶、化工和通信设备等领域。例如,在飞机的发动机、骨架、紧固件及起落架等部位都可以使用钛合金;钛具有良好的生物相容性,钛和钛合金可作人体的植入物,制造股骨头和各种关节等;在汽车制造行业,用钛合金代替钢铁制造车辆能减轻汽车质量,提高汽车的安全性能,减少汽车的油耗。

钛和钛合金还被广泛用于核潜艇、深潜器、破冰船、扫雷艇等装备上。在日常生活中,钛合金还可用于制造网球拍、轮椅、眼镜架等。

教材参考答案

1. 略。
2. 略。
3. 略。
4. 略。

第三节　高分子材料

解析·编写思路

高分子材料自问世以来,发展迅速,目前已经开发出许多性能优异的高分子材料,在信息、生命、工农业以及航空航天等领域应用广泛。高分子材料对于人们的日常生活以及社会发展都起到了非常重要的作用。

教材主要介绍了高分子材料的分类,及其在各个领域的广泛应用。教材以"嫦娥五号"探测器在月球上展示的五星红旗为情境设计问题:这面在高度真空、$-150\sim150\ ℃$的温度、极强紫外辐照等极端环境中依然红得炽热、黄得灿烂的国旗是如何制作的? 激发学生的民族自豪感,激起学生的求知欲。随后,教材从高分子材料的定义入手,介绍功能高分子材料和复合高分子材料,突出它们与通用高分子材料的区别和优点。从学生熟悉的"太空棉"、婴儿纸尿片、玻璃钢等材料入手介绍各种高分子材料的应用,发展现象观察与规律认知、科学态度与社会责任等化学学科核心素养。教材以"高性能碳纤维复合材料在载人航天领域的应用"结束,展示了我国自主研发的碳纤维复合材料助力航天事业发展,让学生感受"化学与强盛中国",激发学生的爱国热情。

教材在编写过程中注重发展学生的实践能力,安排了胶黏剂的配制与使用实验。通过实验,使学生初步学会环氧树脂胶黏剂的配制方法。

分析·教学内容

一、地位和作用

本节是"化学与材料"主题的最后一节,在无机非金属材料和金属材料之后,本节有机高分子材料也是学生需要掌握的内容。

二、与核心素养之间的联系

本节内容主要分为两个部分:功能高分子材料和复合高分子材料。

1. 功能高分子材料

通过引导学生了解"太空棉"、婴儿纸尿片、保鲜包装材料、人造皮肤、人造肌肉、人造器官、人造骨骼等一系列功能高分子材料制品,体会它们与通用高分子材料的区别和联系,了解功能高分子材料在生产生活中的应用及我国在此研究领域取得的重大成就,培养学生学习化学的兴趣,发展科学态度与社会责任等化学学科核心素养。

2. 复合高分子材料

通过引导学生了解复合高分子材料的组成与性能,知道它们在人类健康、工业发展、航空航天等领域的重要应用,激发学生学习化学的兴趣,培养学生精益求精的工匠精神和积极探索的科学品质,发展实验探究与创新意识、科学态度与社会责任等化学学科核心素养。

剖析·重点难点

本节的教学重点主要有高分子材料的结构,典型高分子材料的组成、性能及应用。

高分子材料是指以高分子化合物为基本组分,加入适当助剂,如填料、增塑剂、稳定剂、润滑剂等,经过一定加工制成的材料,也称聚合物材料。按照来源分类,高分子材料可以分为天然高分子材料和合成高分子材料。在合成有机高分子材料的主链或支链上接上具有某种特定功能的官能团,使高分子在光、电、磁、声、热、化学、分离、生物智能、医学应用等方面具有特殊功能的有机高分子材料称为功能高分子材料。由两种以上物理和化学性质不同的物质,经人工组合而得的性能优良的多材质材料称为复合高分子材料。

典型的高分子材料的应用有:(1)"太空棉",由人造羊毛——聚丙烯腈和喷镀铝钛金属的反射膜制成,具有优于鸭绒的高保暖性;(2)婴儿纸尿片、保鲜包装材料,由高吸水性高分子材料制成;(3)医用高分子材料,以硅聚合物和聚氨酯为代表,可用于制造人造皮肤、人造肌肉、人造器官、人造骨骼等;(4)"玻璃钢",由玻璃纤维和聚酯类树脂复合而成,强度大、隔热效果好、耐腐蚀、易成形、易加工;(5)头盔、防弹板、防弹背心等,是由酚醛树脂、聚乙烯醇缩丁醛树脂和芳纶压制而成的复合材料,保护性能极好;(6)新型树脂基复合材料,强度高于合金、质量轻于合金,且耐高温、耐高压、耐腐蚀。

本节的教学难点主要有胶黏剂的配制和使用。

要求学生通过本实验初步学会环氧树脂胶黏剂的配制和使用方法;使用环氧树脂胶黏剂对金属与金属、橡胶与橡胶、陶瓷片与陶瓷片、金属与陶瓷片、木材与陶瓷片等材料进行黏结,学会黏结过程中前处理、上胶、放置、检查等相关操作。

教学实施建议

本节内容主要是知识性内容,在教学中要把握好教学的深度,可以适当补充当前先进的高分子材料,可以采取情境教学法、任务驱动教学法、实验探究法、讲授法等,建议采用信息化教学手段,充分利用教材中的栏目组织学习活动,通过情境设置,任务驱动的方式,引导学生自主探究和小组合作,完成学习任务,达成教学目标,发展化学学科核心素养。

课堂教学·讲究方法

一、关于功能高分子材料的教学

学生在学习有机化合物的过程中,已经对高分子材料有了一定的认识,因此在教学中可以从日常生活中常见的塑料制品、橡胶制品、纤维材料等入手,让学生体会到塑料、橡胶、纤维三大高分子材料已广泛存在于我们周围,引导学生了解高分子材料的结构。

引导学生理解"人们对知识的不断探索以及对物质生活的高度要求,使高分子材料得到飞速发展",从而引出功能高分子材料。教师可以通过展示"太空棉"、婴儿纸尿片等实物,引导学生进行课堂交流讨论,分析典型高分子材料的组成、性能及应用,引导学生认识化学与人类进步、社会发展的关系,激发学生的学习兴趣。

二、关于复合高分子材料的教学

由两种以上物理和化学性质不同的物质,经人工组合而得的性能优良的多材质材料称为复合高分子材料。近代的橡胶轮胎、钢筋水泥、玻璃钢、书籍的塑纸封面、洗衣机的塑钢等都属于这种新型材料。通过介绍复合高分子材料的优异性能,让学生了解复合高分子材料的先进之处,并通过教材图T2-3-2展示"神舟"飞船,激发学生的自豪感,通过"拓展延伸"栏目,让学生了解我国在纳米材料领域的研究成果和发展水平,并在课堂上进行交流,进一步发展科学态度与社会责任等化学学科核心素养。

三、关于学生实验的教学

通过胶黏剂的配制与使用实验,指导学生初步学会环氧树脂胶黏剂的配制;引导学生使用环氧树脂胶黏剂,对不同材料进行黏结,学会黏结过程中前处理、上胶、放置、检查等相关操作。进一步发展实验探究与创新意识、科学态度与社会责任等化学学科核心素养。

实践活动·注重策略

以"我国科学家在高分子材料领域的新进展"为研究对象,引导学生通过小组合作、查阅资料的方式,了解我国科学家取得的重大成就,通过演示文稿的制作和分享,培养学生获取、加工信息的能力和语言表达能力;通过了解化学在生产生活中的重要应用,激发学生学习化学的兴趣,发展科学态度与社会责任等化学学科核心素养。

知识拓展·善用资源

一、通用高分子材料

1. 塑料

塑料是一类重要的高分子材料,具有质轻、绝缘性能好、耐腐蚀、容易加工成型等优点。应用较广的塑料有聚乙烯,它具有突出的电绝缘性和节电性能、优良的化学稳定性以及无毒性,广泛地应用于食品包装,主要用于制作板材、管、薄膜、贮槽和容器等工业、农业及日常生活用品。聚丙烯具有优良的机械性能,应用于日用器皿、体育用品、汽车部件、家电零件。聚苯乙烯则因其电绝缘性能好、刚性大、印刷性能好的特点广泛应用于工业装饰、仪器仪表零件、灯罩、电子工业等。氟塑料广泛应用于国防、电子、航空航天、化工、冷藏、机械等领域。

2. 橡胶

橡胶是一种有机高分子弹性体。天然橡胶具有优良的综合性能,可以用于制造各种工业橡胶制品,如胶管胶带、胶鞋雨衣及医疗卫生用品等。合成橡胶因其高弹性和耐低温性能好、耐磨性好,主要用于制造轮胎、医疗制品和运动器材等。

3. 纤维

纤维分为天然纤维和合成纤维。天然纤维主要有棉、麻、毛、丝,因其吸湿性好、耐腐蚀性好,同时是热和电的不良导体,常用来做制衣材料。合成纤维原料丰富,具有优良的物理、机械和化学性能,具有耐腐蚀、保暖、高弹度等特点,在国防工业、航空航天、能源信息、生物工程等领域已成为不可缺少的材料。合成纤维还可制成美观、轻暖、耐穿、易洗快干的衣服;在工业领域常作衬垫材料、电绝缘材料、隔音热材料;在国防工业领域,由耐高温纤维制造的增强材料可用作飞机、导弹、火箭等装备的材料及电绝缘材料;在医疗领域,合成纤维常用于制造医疗用布、外科缝合线、止血棉及某些人造器官。

4. 胶黏剂

胶黏剂黏合强度高,对材质相同和不同的金属或非金属都能有效地黏结,并克服了焊接出现的应力集中的缺点。胶黏剂广泛应用于国民经济的各个工业领域,用量较大的有木材加工业。在汽车工业中,车身、内衬、隔音、座椅材料等都是用胶黏剂黏结的。在航空航天领域,人造卫星、宇宙飞船、太阳能电池、隔热材料的黏结也使用了胶黏剂。

5. 涂料

涂料是涂覆在物体表面,能形成牢固附着的连续薄膜的材料。主要有装饰、保护等功能。例如金属的防护、木材和塑料制品的保护、防火材料、文物保护;同时新型涂料还有绝缘作用、示温作用、防伪作用、耐烧蚀作用等,在汽车、飞机、电子、造纸、纺织、金属、建筑、塑料和木材等的保护和装饰中起到重要作用。

二、ABS 树脂

ABS 树脂是指丙烯腈、丁二烯和苯乙烯三种单体的共聚物。ABS 树脂将三种单体的各种性能有机地统一起来,是五大合成树脂之一。丙烯腈赋予 ABS 树脂化学稳定性、耐油性、一定的刚度和硬度;丁二烯使 ABS 树脂的韧性、抗冲击性和耐寒性有所提高;苯乙烯使 ABS 树脂具有良好的介电性能,并呈现良好的加工性。ABS 树脂的抗冲击性、耐热性、耐低温性、耐化学药品性及电气性能优良,还具有易加工、制品尺寸稳定、表面光泽性好等特点,容易涂装、着色,还可以进行表面喷镀金属、电镀、焊接、热压和黏结等二次加工,广泛应用于机械、汽车、电子电器、仪器仪表、纺织和建筑等领域,是一种用途极广的热塑性工程塑料。

大部分 ABS 树脂是无毒的,不透水,但略透水蒸气,吸水率低,室温浸水一年吸水率不超过 1%,且物理性能不发生变化。

教材参考答案

1. 略。
2. 略。
3. 略。

教学设计案例

课题名称		金属材料		
教材分析		"金属材料"是高等教育出版社出版的《化学（加工制造类）》教材专题二"化学与材料"第二节的教学内容。学生在前面对于金属元素有了初步的认识之后，进一步对金属合金材料进行学习和研究。金属材料是加工制造类专业及相关专业学生必备的学习内容，本节的内容也将为学习专业课奠定基础		
学情分析		**知识与能力基础：** 1. 学生已经学习了金属元素，了解金属的通性和个别金属元素的特性，初步认识合金的概念。 2. 思维敏捷，有较强的创新和实践能力。 **心理特点：** 对专业、对未来充满期待，学习目的性强，容易接受新事物、新观念，适应性强，但学习热情不高、注意力不够集中		
教学目标		1. 列举硬币、金属首饰、熔断器、铝合金门窗、自行车钢圈等使用的合金材料，了解合金材料的性质和特点。 2. 通过我国"奋斗者"号载人潜水器在全球最深海沟成功坐底的新闻引入，激发学生的爱国热情和民族自豪感，同时引发学生对载人舱材料的浓厚探究兴趣		
核心素养		1. 认识金属材料与人类生活和社会发展的密切关系，感受化学对改善个人生活和促进社会发展的积极作用，进一步发展现象观察与规律认知等化学学科核心素养。 2. 通过了解我国在金属材料方面的发展和我国科研人员在新型金属材料研究领域的创新性工作，进一步发展科学态度与社会责任等化学学科核心素养		
教学重点		普通合金、新型合金材料的性质		
教学难点		超导材料的特性		
教学方法		教法：启发式教学法、任务驱动法； 学法：合作学习法		
	教学环节	教师活动	学生活动	设计意图
课前	课前准备	准备教材、教具，布置预习任务	寻找生活中合金的应用	提高课堂效率，保证课堂教学顺利实施

续表

教学环节	教师活动	学生活动	设计意图
环节一 新课引入	【案例引入】 2020年11月10日,我国独立研究和制造的"奋斗者"号载人潜水器,在10 909 m的马里亚纳海沟成功坐底,创造了中国载人深潜的新纪录,体现了我国在海洋高技术领域的综合实力。马里亚纳海沟10 000 m处,水压超过110 MPa,对载人潜水器的结构设计、材料、性能、成型和焊接技术等都有很高要求。"奋斗者"号载人潜水器的主要耐压壳体是由什么材料制造的? 【引导】 引导学生分析制造耐压壳体的材料应该有的性质	【思考讨论】 学生分析、思考、讨论,最后得出结论:应该是一种合金	以振奋人心的新闻吸引学生的注意力,激发学生的学习热情和爱国热情
环节二 合金的概念和性质	【发现问题】 生活中接触到的金属制品大多不是纯金属,而是合金。合金与纯金属相比,有哪些特性? 【引导】 引导学生回忆合金的概念,观察教材表 T2-2-1 总结合金不同于组分金属的特点	【观察并总结】 观察表格,对比合金与组分金属在熔点、硬度、抗腐蚀能力并总结	通过实验,引导学生观察合金的性状,培养学生的观察能力、实验能力,提高其探究能力
环节三 常见的普通合金	【引导】 引导学生根据教材图片,归纳总结常见的普通合金。 【提问】 日常生活中,我们接触过很多合金,常见的合金有哪些? 【讲解】 加入不同的金属元素,可以改变合金的硬度、耐磨性、耐腐蚀性、抗氧化性、强度、韧性等,改良合金的性质,比如我们熟悉的不锈钢等	【观察】 观察教材图片,交流讨论以下合金并归类:钢铁、铝合金、铜合金。 【归纳】 学生阅读教材,归纳各种普通合金的性质与应用 【回答】 【聆听】	引导学生关注生活,培养学生阅读归纳和提取信息的能力;培养学生的观察与分析能力,树立在生活中学习化学的观念

续表

	教学环节	教师活动	学生活动	设计意图
课中	环节四 常见的新型合金	【引导】 随着社会的发展，生产生活需要更多的有特殊性能的合金。于是，便诞生了新型合金。 【提问】 生活中有哪些常见的新型合金？它们有哪些特点？ 【讲解】 讲解新型合金的性质和应用前景	【思考并回答】 学生观察图片、阅读教材，找出新型合金的代表：储氢合金、形状记忆合金、超导合金。 【归纳】 归纳各种新型合金的性质与应用 【聆听】	培养学生的学习化学的兴趣，发展科学态度与社会责任等化学学科核心素养
	环节五 课堂小结	合金的应用范围已经很广泛，但是还有更多性能更优良的合金等需要研究开发	学生结合生产生活实际，发表了解各种合金的性质和应用后的感想	引导学生将知识内化和感情升华，发展现象观察与规律认知、科学态度与社会责任等化学学科核心素养
课后	课后提升	引导学生丰富知识储备，以"你不知道的合金"为主题，通过实地走访或查阅资料，了解实际生产生活中合金的应用	学生通过实地走访、查阅资料了解合金的应用，并与同学进行交流	从知识实用性的角度，强化理论联系实际，落实立德树人根本任务，发展化学学科核心素养

教学评价：

1. 通过分析课前预习和课后拓展的完成情况，总结学生知识的掌握和应用能力。
2. 通过教师引导学生自主思考的过程考查学生阅读、观察和推理能力水平。

教学反思：

本堂课教学内容丰富，题材新颖，与社会生产生活息息相关，但教学形式有些单一，讲授的内容较多，通过更直接有效的形式开展教学是今后努力的方向。

教学评价反思

通过本主题教学,您有哪些收获和不足,请填入表中。

节	重点、难点把握	核心素养培育	学生积极性调动	教学设计亮点	信息化手段应用	教学效果	其他
无机非金属材料							
金属材料							
高分子材料							
学生实验:胶黏剂的配制与使用							

郑重声明

高等教育出版社依法对本书享有专有出版权。任何未经许可的复制、销售行为均违反《中华人民共和国著作权法》，其行为人将承担相应的民事责任和行政责任；构成犯罪的，将被依法追究刑事责任。为了维护市场秩序，保护读者的合法权益，避免读者误用盗版书造成不良后果，我社将配合行政执法部门和司法机关对违法犯罪的单位和个人进行严厉打击。社会各界人士如发现上述侵权行为，希望及时举报，我社将奖励举报有功人员。

反盗版举报电话　　（010）58581999　58582371
反盗版举报邮箱　　dd@hep.com.cn
通信地址　　北京市西城区德外大街4号　高等教育出版社法律事务部
邮政编码　　100120

读者意见反馈

为收集对教材的意见建议，进一步完善教材编写并做好服务工作，读者可将对本教材的意见建议通过如下渠道反馈至我社。

咨询电话　　400-810-0598
反馈邮箱　　zz_dzyj@pub.hep.cn
通信地址　　北京市朝阳区惠新东街4号富盛大厦1座
　　　　　　高等教育出版社总编辑办公室
邮政编码　　100029

防伪查询说明

用户购书后刮开封底防伪涂层，使用手机微信等软件扫描二维码，会跳转至防伪查询网页，获得所购图书详细信息。

防伪客服电话
（010）58582300

学习卡账号使用说明

一、注册/登录

访问 https://abooks.hep.com.cn，点击"注册/登录"，在注册页面可以通过邮箱注册或者短信验证码两种方式进行注册。已注册的用户直接输入用户名加密码或者手机号加验证码的方式登录。

二、课程绑定

登录之后，点击页面右上角的个人头像展开子菜单，进入"个人中心"，点击"绑定防伪码"按钮，输入图书封底防伪码（20位密码，刮开涂层可见），完成课程绑定。

三、访问课程

在"个人中心"→"我的图书"中选择本书，开始学习。

如有账号问题，请发邮件至：4a_admin_zz@pub.hep.cn。